# 中蜂高效饲养技术

罗岳雄　主编

U0256247

中国农业出版社

图书在版编目（CIP）数据

中蜂高效饲养技术/罗岳雄主编 .—北京：中国
农业出版社，2016.7（2020.3重印）
ISBN 978 - 7 - 109 - 21780 - 5

Ⅰ.①中… Ⅱ.①罗… Ⅲ.①中华蜜蜂-蜜蜂饲养
Ⅳ.①S894.1

中国版本图书馆 CIP 数据核字（2016）第 135183 号

中国农业出版社出版
（北京市朝阳区麦子店街 18 号楼）
（邮政编码 100125）
责任编辑　郭永立

中农印务有限公司印刷　新华书店北京发行所发行
2016 年 7 月第 1 版　2020 年 3 月北京第 7 次印刷

开本：787mm×1092mm　1/32　印张：8.125
字数：145 千字
定价：19.80 元
（凡本版图书出现印刷、装订错误，请向出版社发行部调换）

主　　编：罗岳雄

编写人员：赵红霞　梁勤　刁青云

# 前　言

养蜂业是现代农业一个重要的组成部分。养蜂除了能获得有益于人类健康的蜂产品外，通过蜜蜂对农作物授粉，能有效地提高农作物的产量，是农村一项投资少、见效快、效益高的养殖业。

饲养蜜蜂不用粮、不争地、不污染环境，是经济落后山区农民利用本地资源发展经济脱贫致富的一条好门路。

中华蜜蜂简称中蜂，是中国境内东方蜜蜂的总称，是我国土生土长的蜂种，在我国除新疆外，其他各省份都有分布，对当地的自然条件十分适应。

中国地大物博，植物种类繁多。蜜蜂赖以生存的蜜源植物丰富，广泛分布于山区、丘陵地带，很适于中蜂繁衍和蜂产品生产，为中蜂饲养提供了得天独厚的条件。

在山区，很多农户有饲养蜜蜂的习惯，但缺乏科学的饲养管理技术，蜜蜂处于自生自灭状态，产量低，经济效益差。

为发展我国的养蜂业，开发和利用山区资源，扶持山区农民发展经济，推动精准扶贫，是本书编写的目的。本书主要介绍中蜂科学饲养管理技术，突出实用性、通俗性；为便于读者理解，本书以饲养中蜂为主的广东省为案例进行阐述，其他地方可参照应用。尽管作者以 35 年从事中蜂科研工作的积累编写本书，但因水平所限，错误在所难免，请读者多予指正。

本书的出版得到国家蜂产业技术体系、广东省野生动物保护与利用公共实验室、广东省农业害虫综合治理重点实验室、中蜂科学高效饲养技术科技服务平台和中蜂健康高效科学养殖技术推广与示范项目的支持，在此一并致谢！

编　者

2016 年初春

# 目 录

# 一、养蜂业的作用

## （一）蜜蜂在生物多样性中的重要性

蜜蜂在地球上出现已经有上亿年历史了，它在漫长的进化过程中与植物协同进化，形成了密不可分的关系。蜜蜂为了本身的生存和繁衍，在长期的自然选择中形成了采集和利用植物短暂开花分泌的花蜜和花粉（图1-1），并贮存在蜂巢里的生物学特性。蜜蜂在采集花蜜和花粉的同时，也为植物传播花粉，使植物受精结实，繁衍后代，并通过花粉的传播，实现了植物不同基因的转移，使植物出现遗传多样性，丰富了大自然植物的种类，形成了自然界生态的多样性。这样，植物为蜜蜂提供了食物，使蜜蜂得以生存繁衍；蜜蜂则为植物充当"媒

图1-1 蜜蜂在花朵上采集花粉 （仇志强摄）

人"，使植物得以传宗接代，蜜蜂与植物形成了互相依赖、互为生存的关系。同时也为人类的生存提供了食物基础。此外，人类也利用了蜜蜂采集和贮存花蜜、花粉的生物学习性，从蜂群中获取了蜂蜜和花粉等蜂产品。

在自然界众多授粉昆虫中，最理想的是蜜蜂。蜜蜂为了采集花粉的需要，身体具有适应性的特化构造，全身披满了绒毛，有的绒毛末端还呈现分叉状，花粉只要接触到蜜蜂的身体，就牢牢地沾在绒毛上。蜜蜂的足还特化出专门用于采集花粉的花粉刷、花粉栉和花粉耙等，后足还特化出用于收集和携带花粉的花粉篮。蜜蜂以特化的身体构造和采集的专一性，以众多的数量和高速的飞行为同一种植物进行异花授粉，这种授粉优势是其他昆虫不能相比的。

植物为了吸引蜜蜂帮助授粉，其形态构造和生理在进化过程中也产生了适应性特化，如花朵构造、颜色、香味、花粉、花蜜等。可见，蜜蜂与植物之间的关系是互为有利、协同进化、相依生存的双赢关系。

近代科学研究表明，植物遗传多样性的形成，基因突变及基因转移而产生杂交组合，是产生变异的主要原因，蜜蜂在传播花粉过程中是基因转移的运载者，尤其对近缘种的形成起着极其重要的媒介作用。地球上之所以有丰富多彩的植物种类，就是蜜蜂起了重要的作用。这种作用不仅改善了生态环境，也给草食动物提供了丰富的食物，同时草食动物为肉食动物提供了食物来源。因此，蜜蜂授粉是大自然保持生态多样性的一个重要环节。

如果没有蜜蜂为植物高效授粉，一些植物资源的数量会逐渐减少，特别是野生植物资源受到的影响会更大，严重时会导致某个植物物种灭绝，进而导致整个生态系统改变。我国是个生态十分脆弱的国家，政府正在大力提倡生态恢复和保护，提倡生态文明建设，因此发展养蜂业对国家正在实施的各种生态工程和生态文明建设起到巨大的推动和促进作用。

## （二）养蜂业是现代农业一个重要组成部分

蜜蜂是一种从野生状态经人类驯养后成为家养的有益昆虫，养蜂业是现代生态农业的一个重要组成部分，在国民经济中占具很重要的地位。

人类要生存，就要从大自然中获得充足的食物，如粮食、蔬菜、油料和水果等，而这些食物主要来自植物。在人类所利用的1 330多种植物中，有1 100多种需要蜜蜂授粉，其中115种对人类极为重要的农作物中有87种离不开蜜蜂授粉。

生物具有杂交优势，蜜蜂授粉为植物杂交提供了载体，使杂交后代比亲代表现出强大的生长优势，如生长速率和代谢功能等，导致植物体体形增大、器官发达、结实率提高，品质改善，蛋白质、糖分等得到提高。

饲养蜜蜂产生的最大效益，是为农作物授粉，使农作物提高产量。很多发达国家把蜜蜂授粉作为提高农作物产量的措施之一，很重视蜜蜂为农作物授粉的研究和应用推广。美国在现饲养的 400 多万群蜜蜂中，每年有超过 100 万群被农场主租用去为上百种农作物授粉；每年蜜蜂直接生产的蜂产品价值约 1.4 亿美元，而利用蜜蜂为农作物授粉，使农作物增产的价值达 190 亿美元，是蜂产品价值的 130 多倍。

蜜蜂是一种营社会性生活的昆虫，在形态结构上具有专门适应采集花粉的生理构造。一只蜜蜂每一次采集可"拜访"几朵到几十朵花，每天可进行几次到几十次采集活动，可见蜜蜂的授粉能力是相当巨大的。植物通过蜜蜂授粉之后，能大大地提高结果率，使产量大幅度提高。此外，蜜蜂还具有采集专一、贮存饲料、可转地饲养和可进行采集训练等特点，因此蜜蜂是农作物最理想的授粉者，是当之无愧的植物"红娘"。现将蜜蜂为部分植物授粉的增产效果摘录如表 1-1，表 1-2。

**表 1-1 国外利用蜜蜂授粉的增产效果**

| 作物名称 | 增产（％） | 试验国家 | 作物名称 | 增产（％） | 试验国家 |
|---|---|---|---|---|---|
| 棉花 | 18～41 | 美国 | 青年苹果树 | 32～40 | 前苏联 |
| 大豆 | 14～15 | 美国 | 老年苹果树 | 43～32 | 前苏联 |
| 油菜 | 12～15 | 德国 | 苹果树 | 209 | 匈牙利 |
| 向日葵 | 20～64 | 加拿大 | 梨树 | 107 | 意大利 |
| 荞麦 | 43～60 | 前苏联 | 梨树 | 200～300 | 保加利亚 |
| 甜瓜 | 200～500 | 匈牙利、前苏联、美国 | 樱桃树 | 200～400 | 德国、美国 |

（续）

| 作物名称 | 增产（%） | 试验国家 | 作物名称 | 增产（%） | 试验国家 |
|---|---|---|---|---|---|
| 洋葱 | 800～1 000 | 罗马尼亚 | 巴旦木 | 600 | 美国 |
| 黄瓜 | 76 | 美国 | 紫花苜蓿 | 300～400 | 美国 |
| 西瓜 | 170 | 美国 | 亚麻 | 23 | 前苏联 |
| 黑莓 | 200 | 瑞典 | 野豌豆 | 74～229 | 美国 |

表 1-2　我国利用蜜蜂授粉的增产效果

| 作物名称 | 增产（%） | 作物名称 | 增产（%） |
|---|---|---|---|
| 油菜 | 26～66 | 荞麦 | 50～60 |
| 向日葵 | 34～48 | 水稻 | 2.5～3.6 |
| 大豆 | 92 | 棉花 | 23～30 |
| 砀山梨 | 800～900 | 苹果 | 71～334 |
| 甜瓜 | 200 | 蜜橘 | 200 |
| 柑橘 | 25～30 | 西瓜 | 170 |
| 龙眼 | 149 | 李 | 50.5 |
| 猕猴桃 | 32 | 荔枝 | 248 |
| 甘蓝 | 1820 | 莲 | 24.1 |
| 紫云英 | 50～240 | 油茶 | 87～98 |
| 砂仁 | 88 | 沙打旺 | 30 |

注：表 1-1、表 1-2 资料来源于 http://www.chtxbee.com/。

此外，蜜蜂在采集过程中，把花粉从一朵花带到另一朵花，或从一棵树带到另一棵树上去，造成异花授粉，实现一个杂交过程，使后代产生杂交优势，提高了果实和种子的品质（如果实个大，种子饱满，畸形减少，提高果实和种子的蛋白质、糖分和脂肪的含量等）。

随着设施农业的快速发展，蜜蜂授粉已在设施农业中大量实施应用，如蔬菜制种和温室栽培黄瓜、西瓜、草莓、番茄等，以前多用人工授粉来提高坐果率，提高产量。由于人工工资的提高，致使生产成本大幅度提高，且由于人工授粉不均匀，授粉时间不好掌握，费工费力。利用蜜蜂授粉。节省了大量人工授粉的劳动力投入，节省了成本，提高了产品的品质，大大地提高了经济效益。

随着农业生产上农药的施用量越来越多，造成自然界能为农作物授粉的野生昆虫越来越少，因此利用蜜蜂为农作物授粉显得尤为重要。

由此可见，利用蜜蜂为农作物授粉，是一项不增加耕地面积、不增加生产投资、不增加劳动力，事半功倍的增产措施。因此，养蜂业是百利而无一弊的养殖业，是可持续发展现代大农业的一个重要组成部分。

## （三）养蜂业是山区农户利用本地资源发展经济的好项目

山区由于受各种条件限制，经济相对落后，但山区有着丰富的蜜粉源植物资源，对发展养蜂业具有得天独厚的基础条件。因此，山区农户可利用当地蜜粉源植物资源发展养蜂生产，是一项大有作为的养殖项目。农户可做到人不离家、脚不离田，房前屋后饲养蜜蜂则可增加收入，有很多山区农户通过养蜂脱贫，成为当地的富裕户（图1-2）。因此，养蜂是一项很适于山区脱贫致富的养殖业。

养蜂业是一项不占耕地、不产生污染的家庭养殖业，具有投资少、见效快、效益高、可持续性强的特点。与其他畜牧业不同的是，饲养蜜蜂收获的是蜜蜂生产的产品，而不是蜜蜂本身。因此，只要购进蜂箱和蜂种即可，收了蜂产品后蜜蜂还可以通过自身的繁殖，增加蜂群数量，不需要购种就可进行再生产。

图1-2 山区农户利用屋前房后养蜂发展经济

饲养蜜蜂的投入少，一般投资一群中蜂约450元，一年维持费80～150元，而正常年景下年收蜂蜜20～30千克，收入600～1 000元，一个100群左右的中蜂场，年收入5万～8万元。100群中蜂可用于一个家庭副业，也可用于一个专业蜂场，只需一个劳动力或更少。由此可见，在家庭养殖业中，养蜂的效益是比较可观的，养一群蜂远比养一头猪效益要高很多。很多山区养蜂农户都为当地富裕户就充分说明了这一点。

由于养蜂能获得好的经济效益，且对环境起到互补的作用，因此在很多地方已成为政府扶贫工作的一个重要项目，并取得了骄人的成效。

### （四）蜂产品对人体健康的作用

饲养蜜蜂所收取的产品叫蜂产品，所有的蜂产品都具有营养丰富、用途广泛、产值高的特点。蜂蜜、蜂王浆、蜂花粉、蜂蜡、蜂胶、蜂毒和蜂幼虫等，都是有一定保健作用和药物作用的天然产品，对很多疾病有预防和治疗的功能。我国早在公元前 1～2 世纪所著的《神农本草经》中，已把蜂蜜作为药中上品。明朝著名的医药学家李时珍在《本草纲目》中已有蜂产品及其应用的记载。随着社会经济的发展，人们的保健意识日益增加，返璞归真、追求天然，已成时尚，由于蜂产品的天然特性和显著的保健功效，社会对蜂产品的需求量日益增多。蜜蜂为人类的健康作出了巨大的贡献。

蜂蜡等蜂产品还是用途广泛的工业原料。蜂产品是我国传统出口的农业产品之一，每年通过出口换取了不少外汇，支援国家建设。

伟大的科学巨匠爱因斯坦曾说过，当蜜蜂在地球上消失后，人类最多在地球上存活四年。没有蜜蜂，就没有授粉，就没有植物，就没有动物，就没有人类……。近年来，在一些欧美国家发生的"蜜蜂综合崩溃症"（CCD），蜜蜂不明原因失踪了，严重影响了蜜蜂授粉工作，引起了政府的重视。由此可见，小小蜜蜂事关大生态，对保持生态平衡、提高农作物的产量、促进农业增产增收，对发展山区经济和促进人类的健康，有着不可估量的作用。综上所述，养蜂业既有生态效益、经济效益，又有巨大的社会效益，应加以大力发展。

# 二、蜜蜂的种类和分布

## (一) 蜜蜂的种类和分布

蜜蜂在地球上存在已超过 1 亿年，是一种古老的昆虫，也是目前可为人类驯养和利用的唯一昆虫。

蜜蜂在分类学上属于节肢动物门 (Arthropoda)、昆虫纲 (Insecta)、膜翅目 (Hymenoptera)、细腰亚目 (Apocrita)、针尾部 (Aculeata)、蜜蜂总科 (Apoidea)、蜜蜂科 (Apidae)、蜜蜂亚科 (Apinae)、蜜蜂属 (*Apis*)。

目前，学术界比较一致的看法是，蜜蜂属现存 9 个种，即大蜜蜂 (*Apis dorsata* Fabricius，1793)、小蜜蜂 (*Apis florea* Fabricius，1787)、黑大蜜蜂 (*Apis laboriosa* Smith，1871)、黑小蜜蜂 (*Apis andrenifomis* Smith，1858)、东方蜜蜂 (*Apis cerana* Fabricius，1858)、西方蜜蜂 (*Apis mellifera* Linnaeus，1758)、沙巴蜂 (*Apis koschevnikovi* Butter - Reepen，1906)、绿努蜂 (*Apis nulunsis* Tingek，Koeniger and Koeniger，1996) 和苏拉威西蜂 (*Apis nigrocincta* Smith，1861)。它们自然分布于亚洲、欧洲和非洲。

大蜜蜂在国外主要分布于南亚和东南亚，在我国主要分布于云南南部、广西南部和海南岛等地。

小蜜蜂在国外主要分布于阿曼北部、伊朗以东的南亚和东南亚各国，在我国主要分布于云南北纬 26°40′ 以南和广西南部的龙州、百色、上思等地。

黑大蜜蜂在国外主要分布于尼泊尔、不丹、印度北部、缅甸北部和越南北部，在我国主要分布于喜马拉雅山南麓、西藏南部，云南横断山脉的怒江、澜沧江、金沙江和红河流域等地。

黑小蜜蜂在国外主要分布于南亚和东南亚，在我国主要分布于云南省西双版纳景洪、勐腊及澜沧江的沧源、耿马等地。

沙巴蜂主要分布于加里曼丹半岛，该岛北部属马来西亚的沙巴州、沙捞越州和文莱国，南部属印度尼西亚。

绿努蜂主要分布于马来西亚的沙巴州绿努山区。

苏拉威西蜂主要分布于印度尼西亚苏拉威西群岛和菲律宾。

东方蜜蜂主要分布于亚洲等温带、亚热带和热带地区，主要分布在中国、日本、朝鲜、俄罗斯远东地区、越南、老挝、柬埔寨、缅甸、泰国、马来西亚、印度尼西亚、东帝汶、孟拉加国、印度、尼泊尔、伊朗等地。我国的中蜂，就是东方蜜蜂分布在中国的一个亚种。

西方蜜蜂原产于欧洲、非洲及中东地区，但现已引入世界各地，成为世界各地主要饲养的蜂种。

据有关资料显示，西方蜜蜂在 20 世纪初引进我国。现在我国西方蜜蜂常见的种类有高加索蜂、欧洲黑蜂、意大利蜂、卡尼鄂拉蜂等。

## （二）我国饲养的蜜蜂

我国分布的蜜蜂品种有大蜜蜂 (*Apis dorsata* Fabricius，1793)、小蜜蜂 (*Apis florea* Fabricius，1787)、黑大蜜蜂 (*Apis laboriosa* Smith，1871)、黑小蜜蜂 (*Apis andrenifomis* Smith，1858)、东方蜜蜂 (*Apis cerana* Fabricius，1858) 和西方蜜蜂 (*Apis mellifera* Linnaeus，1758) 6 个种，但作为饲养利用的只有东方蜜蜂和西方蜜蜂 2 个种。

### 1. 中华蜜蜂

中华蜜蜂，简称中蜂，是我国境内东方蜜蜂的总称，广泛分布于除新疆维吾尔自治区以外的全国各地，特别是南方的丘陵、山区。在被人类饲养以前，它们一直处于野生状态，就是现在，在很多山区仍分布着一定数量的野生群落。

在西方蜜蜂引进我国以前，各地饲养的蜜蜂均为中蜂，多数中蜂一直处于野生、半野生状态。

在长期自然选择过程中，各地中蜂不但对当地的生态条件产生了极强的适应性，形成了特有的生物学特性，而且其形态特征也随着地理环境的改变而发生变异，例如个体大小由南往北、由低海拔往高海拔处逐渐增大；体色由南往北、由低海拔往高海拔处逐渐变深，形成许多适应当地特殊环境的类型。

**2. 我国饲养的西方蜜蜂**

我国原来没有西方蜜蜂，西方蜜蜂是 20 世纪初由国外传入或引入的。目前已经成为我国养蜂生产上的当家蜂种。

（1）我国西方蜜蜂的引进

东北黑蜂：东北黑蜂是 19 世纪末至 20 世纪初由俄国远东地区传入我国黑龙江与吉林两省的黑色蜜蜂和饲养于东北地区的意大利蜂，经过长期混养、自然杂交和人工选育，逐渐形成的一个蜂蜜高产型蜂种。

新疆黑蜂：新疆黑蜂是 20 世纪初由俄国传入我国新疆的黑色蜜蜂，经过长期自然杂交和人工选育，逐渐形成的一个蜂蜜高产型蜂种。

意大利蜂：意大利蜂引入我国始于 20 世纪早期，由养蜂爱好者带入。目前我国饲养的意大利蜂就其来源来说，有原产地意蜂、美国意蜂和澳大利亚意蜂。

卡尼鄂拉蜂：我国卡尼鄂拉蜂引进的最早记载是 1917 年，日本人高海台岭由日本携带 4 群卡尼鄂拉蜂至我国大连，在辽东建立蜂场饲养；2000 年中国农业科学院蜜蜂研究所又两次从德国引进卡尼鄂拉抗螨蜂种，这是近年来规模较大的蜜蜂引种。目前我国饲养的卡尼鄂拉蜂有奥卡、南卡、喀尔巴阡等品系。

高加索蜂：我国引进高加索蜂的历史较短，1974 年农林部、外贸部首次由加拿大引进高加索蜂王；2000 年中国农业科学院蜜蜂研究所从格鲁吉亚引进高加索纯种蜂王。

（2）其他蜂种 我国养蜂生产中使用过的蜂种还有安纳托利亚蜂、塞浦路斯蜂，它们是 1974 年农林部、外贸部首次由国外引进的。

### 3. 中华蜜蜂的类型与分布

我国的中蜂资源极为丰富，除家养的 500 多万群（2014 年统计）外，还有大量的野生中蜂群。在长期自然选择过程中，中蜂为了适应当地的生态条件，形成了特有的生物学特性，形态特征也随着地理环境的改变而发生变异，根据近年来国内外研究，可将我国的东方蜜蜂（中华蜜蜂）分为北方中蜂、华南中蜂、华中中蜂、云贵高原中蜂、长白山中蜂、海南中蜂、阿坝中蜂、滇南中蜂和西藏中蜂 9 个类型（图 2-1）。但尚有不同的意见，因此对中华蜜蜂的分类有待进一步研究。

（1）北方中蜂 中心产区为黄河中下游流域，分布于山东、山西、河北、河南、陕西、宁夏、北京、天津等地的山区；四川省北部地区也有分布。北方中蜂近 30 万群（2008 年），其中山东 0.15 万群，山西 1.2 万群，河南 2.5 万群，陕西 15 万群，宁夏 3 万群，北京 0.4 万群，四川 7.3 万群。

生物学特性：北方中蜂耐寒性强，分蜂性弱，较为温驯，防盗性强，可维持强群，群势可达 8 框以上；易感染中蜂囊状幼虫病和中蜂欧洲幼虫腐臭病，抗巢虫能力差。

（2）华南中蜂 中心产区在华南，主要分布于广东、广西、福建、浙江、台湾等省的沿海和丘陵

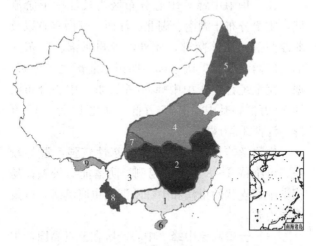

图 2-1   中华蜜蜂分布图

1. 华南中蜂   2. 华中中蜂   3. 云贵高原中蜂

4. 北方中蜂   5. 长白山中蜂   6. 海南中蜂   7. 阿坝中蜂

8. 滇南中蜂   9. 西藏中蜂

（仿制自《中国畜禽遗传资源志  蜜蜂》）

山区，安徽南部、云南东南部也有分布。华南中蜂约 102 万群（2008 年，未含台湾的蜂群数），其中广东 48 万群，广西 28.5 万群，福建 15 万群，浙江 6.3 万群，安徽 4 万群（主要在皖南山区），台湾数字不详。

生物学特性：华南中蜂对高温高湿的气候条件适应性强；个体小，群势小，一般群势为 4～6 脾；群体繁殖力强，年分蜂 2～3 次，温驯性中等，易发生盗蜂和飞逃；易感染中蜂囊状幼虫病和中蜂欧洲幼虫腐臭病，抗巢虫能力差。

（3）华中中蜂　中心分布区为长江中下游流域，主要分布于湖南、湖北、江西、安徽等省以及浙江西部、江苏南部，此外，贵州东部、广东北部、广西北部、重庆东部、四川东北部也有分布。据不完全统计，华中中蜂 60 多万群，中心分布区约 50 万群，其中湖南 15 万群，湖北 13 万～15 万群，江西 14 万群。

生物学特性：华中中蜂耐寒性较强，群势较强，可维持 6～8 脾，较温驯，防盗能力较差；易感染中蜂囊状幼虫病和中蜂欧洲幼虫腐臭病，抗巢虫能力差。

（4）云贵高原中蜂　中心产区在云贵高原，主要分布于贵州西部、云南东部和四川西南部三省交会的高海拔区域。云贵高原中蜂约 82 万群（2008 年），其中贵州 14 万群，云南 62 万群，四川 6 万余群。以产蜜为主，不同地区的蜂群，因管理方式及蜜源条件不同，产蜜量有较大差别。

生物学特性：云贵高原中蜂群势中等，可维持 6～8 脾，性情较凶暴；易感染中蜂囊状幼虫病和中蜂欧洲幼虫腐臭病，抗巢虫能力差。

（5）长白山中蜂　中心产区在吉林省长白山区的通化、白山、吉林、延边、长白山保护区 5 个市、州以及辽宁东部部分山区。长白山中蜂约 1.9 万群，其中吉林占 85%，辽宁占 15%。

生物学特性：长白山中蜂耐寒性较强，群势较强，可维持 8～10 脾，较温驯，防盗能力较差；易感染中蜂囊状幼虫病和中蜂欧洲幼虫腐臭病，抗巢虫能力差。

海南中蜂分布于海南岛。1982 年饲养海南中蜂 2.6 万群，1997 年饲养 1 万多群，2006 年饲养 2 万群。由于蜜源植物减少等因素影响，海南中蜂的分蜂性增强，群势变小，生产性能下降。

生物学特性：海南中蜂对高温高湿的气候条件适应性强；个体小，群势小，一般群势为 3～4 脾；温驯性中等，易发生盗蜂和飞逃；易感染中蜂囊状幼虫病和中蜂欧洲幼虫腐臭病，抗巢虫能力差。

（6）阿坝中蜂 分布在四川西北部的雅砻江流域和大渡河流域的阿坝、甘孜 2 州，包括大雪山、邛崃山等海拔在 2 000 米以上的高原及山地。原产地为马尔康县。中心分布区在马尔康、金川、小金、壤塘、理县、松潘、九寨沟、茂县、黑水、汶川等县。青海东部和甘肃东南部亦有分布。四川现有阿坝中蜂约 3.3 万群。

生物学特性：阿坝中蜂是东方蜜蜂中个体最大的一个生态型，耐寒性较强，适宜高寒高海拔地区饲养，分蜂性弱，群势较强，可维持 12 脾以上，较温驯，不易发生飞逃。

（7）滇南中蜂 主要分布于云南南部的德宏傣族景颇族自治州、西双版纳傣族自治州、红河哈尼族彝族自治州、文山壮族苗族自治州和玉溪市等地。滇南中蜂约 20 万群（2008 年），多为传统方式饲养。

生物学特性：滇南中蜂耐热性强，产卵力较弱，分蜂性弱，可维持 4～6 脾。

(8) 西藏中蜂  主要分布在西藏东南部的雅鲁藏布江河谷，以及察隅河、西洛木河、苏班黑河、卡门河等河谷地带，生存在海拔 2 000～4 000 米的地区。其中，林芝地区的墨脱、察隅和山南地区的错那等县蜂群较多，是西藏中蜂的中心分布区。云南西北部的迪庆藏族自治州、怒江州北部也有分布。西藏中蜂群数，在 20 世纪 70 年代有 10 万群以上，很少家养，基本处于野生状态。

生物学特性：西藏中蜂耐寒性较强，适宜高寒高海拔地区饲养，分蜂性强，迁徙习性强，群势较小，采集力较差。

从全国范围看，华南地区和西南地区为中蜂集中分布区，其他地区的中蜂多与西方蜜蜂混合分布。主要分布在广东、广西、云南、贵州、四川、重庆、西藏、海南、福建、浙江、江西、安徽、湖北、湖南、甘肃、陕西、山西、北京、河北、吉林等 20 个省、自治区、直辖市，饲养数量和野生数量不断变化。

# 三、 我国养蜂业概况

## （一）悠久的养蜂历史

人类饲养蜜蜂已有几千年的历史，我国蜜蜂饲养的历史也很悠久，在漫长的历史长河中，我国饲养的蜂种全部都为土生土长的中蜂。

20 世纪初期，西方蜜蜂及其饲养技术才引进我国，但养蜂业发展缓慢。1949 年，全国仅有蜜蜂 50 多万群，蜂蜜产量不足 8 000 吨。1949 年以后，我国的养蜂业才得到迅猛发展。20 世纪 90 年代初期，我国的蜂群数达到 769 万群，产蜜量达到 20 万吨，还有蜂王浆、蜂花粉、蜂蜡、蜂胶和蜂蛹等系列蜂产品。自从前苏联解体后，我国就成为世界上第一养蜂大国，无论是蜂群数，还是蜂产品的产量和出口量，均居世界第一位。2006 年统计，我国蜂群数达到 820 万群，其中西方蜜蜂约 570 万群，中华蜜蜂约 250 万群。2008 年，政府把养蜂业列入国家现代农业产业技术体系后，对养蜂业起了极大的推动作用，中蜂数量有了快速增长，到 2014 年年底，中蜂群数达到 550 多万群，成为我国养蜂业的新增长点。

我国蜂群数虽处于世界第一位，但生产规模处于农户小规模饲养的方式，仍处在以收取蜂产品为主的单一经济效益中。机械化程度很低，基本为手工操作的状态。近年来，虽有小部分蜂场出租作为果树授粉之用，但规模仍很小，有待大力推广。

## （二）我国中蜂饲养现状及展望

### 1. 我国中蜂饲养历史

中蜂是我国土生土长的蜂种，广泛分布于除新疆以外的全国各地，特别是南方的丘陵、山区。在被人类饲养以前，它们一直处于野生状态。

我国利用中蜂采收蜂蜜的历史久远，"蜜"字最早出现在大约 3300 年前商代遗存的甲骨文中；"蜂"字最早出现在西周（约公元前 11 世纪—前 771 年），在东周（公元前 770 年—前 256 年）时期"蜜蜂"二字开始组合成双音节词并沿用至今。

我国人工饲养中华蜜蜂的历史可以追溯到 2000 年以前。秦代以前，人们开始以看护野外树洞、石洞内的中蜂进行原始的养蜂活动，获取蜂蜜。

在西方蜜蜂引进我国以前，各地饲养的蜜蜂均为中蜂，多数处于野生、半野生状态。

20 世纪 20 年代开始，西方蜜蜂大量引入中国，受西蜂饲养技术的影响，中蜂进入了活框饲养、传统饲养相结合的时代，形成中蜂传统饲养技术和仿西蜂活框现代饲养技术交错发展，从此中蜂和西蜂开始了种间竞争。

20 世纪 50～60 年代，由于中蜂现代活框饲养技术的推广，我国中蜂饲养进入快速发展时期。70

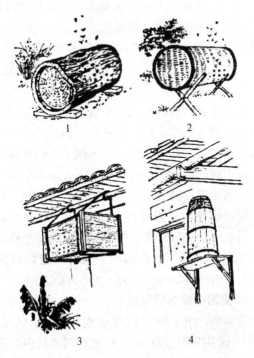

图3-1 我国古代养蜂（仿张中印）
1. 树筒 2. 竹笼 3. 木箱 4. 木桶

年代初，由于中蜂囊状幼虫病的暴发，使我国中蜂业受到严重打击，蜂群数急剧下降，加上西方蜜蜂强大生产性能的吸引，使很多养蜂者弃中从西，或弃蜂从工、从商。80年代由于山区开发，蜜源植物资源受到严重破坏，以山区为分布重点的中蜂更是雪上加霜。养蜂需要大转地饲养，由于中蜂大转地生产性能不及西方蜜蜂，因此加剧了中蜂数量的减少。

由于中蜂基数下降，在与西方蜜蜂的种间竞争中，中蜂在蜜源采集、蜂巢防卫、交尾飞行、病害防御等方面都受到西蜂的严重干扰和侵害。在中、西蜂激烈的种间竞争中，中蜂一直处于弱势地位，导致群体数量减少，分布范围缩小。加上中蜂囊状幼虫病的危害，传统的毁巢取蜜生产方式和对野生蜜蜂的猎捕，致使中蜂大量死亡。而且，养蜂还受到饲养者选择的严峻考验，更加剧了中蜂数量的减少，使中蜂的饲养规模进一步削弱，原来以饲养中蜂为主的很多省份和地区，中蜂被迫退缩到一些山区，数量稀少。如黑龙江省已很难找到家养的中蜂，只有野外少量存在。很多专家由此发出救救中蜂的呼声。2008 年农业部组织对全国蜜蜂资源进行调查，中蜂群数在 250 万～280 万群之间。

**2. 我国中蜂饲养现状**

近年来，由于国家比较重视养蜂业，出台了《中华人民共和国畜牧法》，把蜜蜂列入其中，此后相继出台的《全国养蜂业十二五发展规划》和《养蜂管理办法》等，以及国家蜂产业技术体系的建立，对我国养蜂业起到整体推进的作用。同时，国家对食品安全管理严格，中蜂由于病害少，用药少，产品质量安全性高，消费者对"土蜂蜜"有所偏爱，价格高。此外，国家对生态建设也高度重视，加强对山区生态的保护，使山区蜜源植物有所恢复，中蜂赖以生存的食物基础得到保证。由于政府重视扶贫工作，以及各地扶贫工作的开展，中蜂饲养在山区扶贫工作中发挥了出色的作用，引起了相关部门的重视。更重要的是，沿海地区很多原来饲养西方蜜蜂的养蜂者因年纪偏大，不愿离家大转地在外风餐露宿，转而饲养中蜂，因此使中蜂饲养规模得以恢复和壮大。据 2014 年 10 月调查统计，全国重点中蜂饲养省份蜂群数达到 556 万群。与 2008 年统计结果比较，均有大幅度增长。

从调查结果看，我国目前中蜂仍重点分布在华南和西南传统的分布区，其中 50 万群以上的有广东（92 万）、云南（85 万）、四川（85 万）、广西（50 万），40 万群以上的有重庆（43 万），30 万群以上的有贵州（35 万）、福建 30 万，20 万群以上的有甘肃（21 万）、湖南（21 万）、浙江（20 万）、江西（20 万），10 万群以上的有湖北（17 万）、陕西（14.5 万）、海南（14 万）、安徽（11 万），5 万群以上的有河南（6.5 万），2 万群以上的有山西（3 万）、宁夏（2.5 万）、山东（2 万），1 万群以上的有江苏（1.45 万）、吉林（1 万），1 万群以下的有辽宁（0.8 万）、北京（0.3 万），只发现有野生中蜂未发现人工饲养的有黑龙江。在有些省份（如广东、广西、云南、重庆、贵州、福建等），中蜂数量超过西方蜜蜂。

**3. 目前我国中蜂饲养存在的问题**

（1）部分省份（如黑龙江）已无人工饲养的中蜂，部分省中蜂分布区域退缩到山区。

（2）中蜂囊状幼虫病周期暴发，损失严重，未有特效防控技术。

（3）养蜂员年龄严重老化，不能适应规模化饲养。

（4）不同类型中蜂进入其他类型分布地，造成不同类型中蜂资源受到破坏，在个别地区引起病害严重发生。

**4. 对发展中蜂的建议**

（1）加强适应中蜂生物学特性的饲养技术研究和推广。

（2）加强中蜂病害防控技术研究。

（3）探索新的饲养模式。在广东省山区推广"人不离家脚不离田，房前屋后养中蜂百群，年收入三五万"的模式，颇受欢迎。中蜂群数快速上升，占广东饲养的蜂群数93%以上。

（4）加强对中蜂资源的保护和利用。建立中蜂保护区，利用中蜂在山区扶贫中发挥作用。

（5）对养殖中蜂给予财政补贴。

**5. 未来展望**

中蜂是我国珍贵的蜜蜂种质资源，但在西方蜜蜂引进后在种间竞争中处于劣势，数量锐减。近年来虽有所改善，但绝非万事大吉。有关部门要加强扶持，切实解决中蜂饲养存在的问题，中蜂的恢复有望，否则中蜂在中国的大地上将会真正变为濒危物种，到那时才采取措施，为时已晚。

## （三）地区养蜂业状况

饲养中蜂首先应了解当地养蜂业状况，熟悉当地养蜂的历史和自然资源条件，并与当地农业发展相结合，以便充分利用社会和自然资源，达到适度规模发展。以广东省为例进行介绍。

广东省具有得天独厚的养蜂自然条件，是我国饲养中蜂最多的一个省份。地处热带、亚热带，山区和丘陵超过总面积的一半；北回归线横贯陆地中部，冬季温暖，全年雨量充沛，植物种类繁多，可供蜜蜂采集的植物超过100种，一年四季花开不断，春、夏、冬三季蜜源丰富，秋季蜜源较缺乏，一年有三个主要流蜜期。

广东省养蜂历史悠久，但过去都是沿用旧式的饲养方法，饲养我国土生土长的中蜂，蜂群处于自生自灭状态，产量很低。直到20世纪初引进西方蜜蜂后，才对中蜂进行活框式的改良饲养，并把中蜂和西方蜜蜂进行多年的饲养比较，认为中蜂比西方蜜蜂更能适应广东省的自然条件。因此，广东省形成以饲养中蜂为主、西方蜜蜂为辅的养蜂业。

广东省是我国最早推广中蜂活框饲养的省份。1959年，农业部在广东从化召开中蜂活框饲养现场会议，向全国推广中蜂活框饲养技术。60年代末期，广东省的养蜂业达到高峰期，全省蜂群发展到48万群，蜂蜜产量达到6 000多吨，蜂群数和蜂蜜产量都占全国的1/10。70年代初期，广东省暴发中蜂囊状幼虫病，造成大量蜂群死亡，蜂群数急剧下降，有的蜂场几乎一群不剩，给广东省的养蜂业带来毁灭性打击，经有关科研人员在调查总结的基础上研究出一套以选育抗病品种为主的综合防治措施，使中蜂囊状病的暴发流行得到控制，才使广东省的蜂群数得以逐渐恢复。

从 20 世纪 80 年代开始，随着山区资源的开发，大量蜜源植物遭到滥砍滥伐，蜜蜂赖以生存的基础受到破坏，加上养蜂费用增加、蜂蜜卖不到应有的价格，造成很多养蜂者严重亏本而纷纷弃蜂从农，广东省已开始上升的蜂群数又出现下降，养蜂业又受到一次严重的打击。据 1993 年底统计，全省蜂群数只有 12 万群左右，蜂蜜产量不足 2 000 吨。那时在荔枝开花季节报纸上不乏果园主招租蜜蜂为荔枝授粉的广告，但绝大部分果园无法招到蜂农。从 90 年代中期开始，由于各级政府加强对山区资源合理开发利用的管理，很多山区加强对蜜源植物的保护；有关管理部门也加强对蜂产品市场的管理，使广东省的蜂产品能得到较合理的价格，调动了养蜂者的积极性；加上有关部门把养蜂作为山区脱贫的项目加以扶持，使广东省的养蜂业又开始复苏，蜂群的数量逐年上升。

广东省是蜂产品消费大省，制药和饮料生产都需要大量的蜂蜜作为原料，仅健力宝饮料集团公司每年就需蜂蜜 3 000 吨以上。广东人更有直接食用蜂蜜的习惯，随着社会经济的发展，人们生活水平的提高，对健康长寿的追求越来越迫切，对蜂蜜的需求量也越来越大。据不完全统计，全省每年蜂蜜的消费量在 18 000 吨以上。广东省每年生产的蜂蜜，远未能满足市场的需求，因此广东省的蜂产品市场极为广阔。

随着广东省荔枝和龙眼等需蜜蜂授粉的水果种植面积增加，为养蜂者饲养蜜蜂从收取蜂蜜等蜂产品的单一经济效益中，增加了一条出租蜜蜂为果园授粉的经济收入门路。

综上所述，广东省的养蜂业前景美好，只要掌握科学的养蜂技术，养蜂就能取得好的经济效益和社会效益。

21世纪以来，国家推出"退牧还草、退牧还林"等一系列自然资源保护措施，许多省份适宜饲养中蜂的山区半山区植被恢复、蜜源植物得到保护，具有饲养中蜂的资源优势；加之近年来国人保健意识的提高，蜂产品作为天然保健品受到消费者的青睐；并且，随着人们消费意识的改变，市场趋于理性，正在形成优质优价的蜂产品目标市场，这些都为发展中蜂饲养带来了机遇。

# 四、 中蜂对我国自然条件的适应性

## (一) 西方蜜蜂的特点

在我国，现在饲养的品种主要是西方蜜蜂和东方蜜蜂。西方蜜蜂是在 20 世纪初从欧洲引进我国的外来蜜蜂品种。西方蜜蜂与中蜂相比，具有个体大、群势大、性情较温驯、生产性能好等特点，产品多元化，除了蜂蜜外，还能生产蜂王浆、蜂花粉、蜂胶等。由于其强大的群势和良好的生产性能，很快就在全国推广饲养，现在西方蜜蜂已占我国饲养量的 70% 以上，最常见的意大利蜂（简称意蜂）就是西方蜜蜂的一个亚种。

但西方蜜蜂也存在易染白垩病、易受到蜂螨危害、抗胡蜂等天敌的能力差和对零星蜜源植物的利用能力低等缺点，对广东山区的自然条件适应性差，饲料消耗大，在广东定地饲养的生产性能不很理想，只有大转地饲养才能充分发挥其生产性能，生产费用也相对较大。

在我国土生土长的中蜂，是东方蜜蜂的一个亚种，除新疆外，在全国其他地方都有自然分布，但以广东、广西、云南、贵州、四川、福建、江西和湖南等省饲养为主。

## （二）中华蜜蜂的特点

### 1. 中蜂的优点

（1）采集勤奋，善于利用零星蜜源。当外界有蜜源植物开花时，气温只要在 10 ℃以上，中蜂就外出采集，具有出勤早、收工晚的特点，每天比西方蜜蜂多采集 2～3 小时。中蜂的嗅觉很灵敏，能发现和利用零星蜜源，在外界蜜源植物开花较少时，中蜂也能采集到可以维持本群生存和繁殖所需的饲料。这对定地饲养和节省生产费用是极为有利的。因此，中蜂很适于山区农户利用本地丰富的蜜源植物资源定地饲养，生产特色产品，发展经济。

（2）飞行迅速，抗逆能力强。中蜂的个体较小，翅膀相对较长，其飞行速度比西方蜜蜂快，每天采集的次数也就比西方蜜蜂多，也容易躲避胡蜂等天敌的捕捉。

（3）中蜂对当地环境适应能力很强，气温在 7～38 ℃时，都可见中蜂的采集活动。因此，中蜂能适应高温高湿的气候。在华南地区，中蜂能很好利用八叶五加（也叫鸭脚木）和柃（也叫野桂花）等冬天的蜜源植物。

（4）中蜂对白垩病和螨害的抗性强。白垩病和大小蜂螨对西方蜜蜂可造成严重的危害，在中蜂身上这种危害就不产生。

（5）中蜂蜜较清香，蜂蜡质量较好。由于中蜂不采集树胶，因此酿出来的蜂蜜虽然浓度较低，但味道较清香。因为中蜂蜡不含蜂胶，加上中蜂有喜欢新脾的习性，因此中蜂蜡的质量较好，熔点也较高。

（6）产品安全性高。由于中蜂病虫害少，蜂群需要用药少，抗生素残留少，产品质量安全性高。

（7）产品价格高。由于中蜂蜜味道好、产品安全性高，而且多为利用山区生态条件优良的蜜源植物生产，深受消费者的欢迎，市场售价高。

**2. 中蜂的缺点**

（1）分蜂性强，不容易维持强大的群势。由于中蜂长期处于野生和半野生状态，为了适应恶劣的环境条件，形成分蜂性强的习性，这种习性虽然是该蜂种繁殖力强的表现，但不利于形成强群。因此，中蜂单群的生产性能比西方蜜蜂差。

（2）性情较暴躁，易飞逃。中蜂的野性较大，容易发恶螫人，这给管理操作上带来不便。碰上不良条件（如人为的干扰、强烈的震动、病害发生严重、敌害骚扰频繁、烟和刺激性气体的影响等）时，中蜂容易发生飞逃，这也给管理上带来麻烦。

（3）盗性强。中蜂在外界缺乏蜜粉源时，蜂群之间容易发生互盗贮蜜的现象，盗蜂一发生，可造成很大的损失，严重时可造成全场覆灭。

（4）抗囊状幼虫病和巢虫的能力差。中蜂易染中蜂囊状幼虫病，此病发生流行时可使整场蜜蜂毁灭。中蜂也易受大蜡螟等巢虫的危害，在山区，巢虫发生严重的地方，可给养蜂生产造成巨大的损失。

（5）产品单一。中蜂的主要产品只有蜂蜜和少量蜂蜡，较为单一。

广东省的养蜂条件是蜜源植物丰富，但除荔枝、龙眼能大面积集中外，其他蜜源植物主要零星分布在山区，山区胡蜂等天敌很多，气候高温高湿。中蜂比西方蜜蜂能更好地适应广东省的自然条件，只要饲养管理得当，同样能取得良好的经济效益。广东省现饲养的蜂群就是以中蜂为主的，约占75％以上，西方蜜蜂只占25％左右。

# 五、蜜蜂的生物学特性

　　蜜蜂生物学是研究蜜蜂的分类、分布、群体的组成、形态与机能、内部解剖、个体发育和群体的生长规律，行为营养、蜂群的消长规律，蜂巢特点及对环境的适应、食物的采集和贮存等内容的一门学科。由于本书主要讲述蜜蜂的饲养管理技术，重在实用，因此重点阐述与中蜂饲养管理有关的内容。

　　蜜蜂是一种过群体生活的社会性昆虫，一群蜜蜂就像一个大家庭，成员之间既有分工又有合作，每一个成员离开群体就无法单独生存。了解蜜蜂生物学特性，掌握蜜蜂生活规律、职能及其控制机理，以进一步应用蜜蜂生物学原理，使养蜂者对蜂群采取更加科学的管理措施，提供更有利于蜜蜂生存和繁衍的所需条件，提高科学饲养管理水平，提高蜜蜂抗逆性，获取更大的经济效益。

## （一）蜂群的组成及三型蜂的发育生活

### 1. 蜂群的组成

　　蜜蜂是一种营社会性生活的昆虫，在长期自然选择和进化过程中形成了以群体的方式在自然界中生存和繁衍，任何个体离开群体都无法生存。这是蜜蜂对自然界各种不良环境的适应。

　　蜂群是蜜蜂自然生存和蜂场饲养管理的基本单位，一群蜜蜂通常由一只蜂王、成千上万只工蜂以及在繁殖阶段出现的几百只雄蜂（统称三型蜂）所组成（图5-1）。它们在形态结构上和在蜂群里承担的职能也各不相同，既有分工又有合作，相互依赖，各司其职，共同维护着群体的生存和发展。

蜂王　　　　工蜂　　　　雄蜂

图5-1　中蜂的三型蜂

**2. 三型蜂的发育**

　　蜜蜂的个体发育经历卵、幼虫、蛹和成蜂四个阶段。这个现象在昆虫学上叫完全变态昆虫。

　　（1）卵期　蜂王在巢房里产下卵到卵孵化，这个时期叫卵期，约3天时间。蜂王在巢房中产下的卵呈香蕉形，一个房眼一般产一个卵。

　　（2）幼虫期　从卵孵化出来的幼虫经过5次蜕皮，叫幼虫期。卵刚孵化出的幼虫，呈新月形，平卧于巢房底部。幼虫靠工蜂饲喂，约每分钟进行一次，幼虫几乎不停止取食，因此开箱检查蜂群时间太长会影响工蜂对幼虫的哺育行为，对幼虫的发育不利。

蜜蜂的卵孵化出的幼虫，不管是蜂王还是工蜂或雄蜂的幼虫，头三天都取食由青壮年工蜂分泌的蜂王浆，三天后，工蜂和雄蜂的幼虫就停止食用蜂王浆，而食用由蜂蜜和花粉混合而成的"蜂粮"，而蜂王则一生都以蜂王浆为食料。这样，就出现工蜂和蜂王同为受精卵发育而成，但因工蜂只在幼虫期的前三天食用蜂王浆，造成生殖器官发育不完全，无交尾能力，不能正常产卵，而成为蜂群中的主要劳动者。蜂王则生殖器官发育完全，能正常交尾产卵，繁殖后代。

幼虫需经过5个龄期，每个龄期蜕皮一次，前四天每天蜕皮一次，每蜕一次皮，幼虫就长大一点。经5~6天，工蜂吐蜡在幼虫的巢房上加一层蜡盖，这种现象在养蜂学上叫封盖。幼虫在封盖巢房中继续食用剩余的食料，三天后就停止进食，并在巢房里吐丝作茧，约在产卵后第11天末进行第五次蜕皮，化蛹。

（3）蛹期 从幼虫第五次蜕皮后到蛹壳开裂为止，蛹就羽化为成蜂，咬破封盖爬出来，这种现象叫出房。从封盖到出房阶段的幼虫和蛹，养蜂学上统称"封盖子"，这时蜜蜂幼体不再取食，表面不太蠕动，但身体内部发生复杂的变化，逐渐分化出成年蜂的各种器官。刚化蛹时，由于其外壳未真正形成，是蜜蜂生命最脆弱的时候，振动太大（如提脾抖蜂和摇蜜时）都会对其造成伤害。

（4）成虫期 当蛹壳开裂后，成虫从蛹内爬出来，在昆虫学上叫羽化。羽化后的成虫咬破巢房的封盖，从巢房中爬出来，这一时期为成虫期。

刚出房的幼蜂身体柔软，需由其他工蜂喂食，此后外骨骼逐渐硬化，再经几天后，身体各器官逐渐发育成熟。

蜜蜂各阶段的发育历期，可因蜂种和气候等略有差异，但在一般情况下相对稳定。熟练掌握蜜蜂的发育历期，可以预测蜂群的发展趋势，对人工育王、蜜蜂分蜂和组织生产群等，具有一定的指导作用。现将中蜂各阶段的发育历期列于表5-1。

表5-1 中蜂各阶段发育历期

单位：天

| 型别 | 卵期 | 幼虫期 | 封盖期 | 出房历期 |
|------|------|--------|--------|----------|
| 蜂王 | 3 | 5 | 8 | 16 |
| 工蜂 | 3 | 6 | 11 | 20 |
| 雄蜂 | 3 | 7 | 13 | 23 |

### 3. 三型蜂的生活

（1）蜂王　在蜂群里，蜂王的个体最大，腹部最长，生殖器官发育完全，但从事采集的器官退化，不能从事采集活动，王浆腺也退化，丧失功能。在正常的情况下，一群蜜蜂里面只有一只蜂王。蜂王是蜂群中唯一生殖器官发育完全，能正常交尾、产卵的雌性蜂，它的主要职能是产卵繁殖后代，因此可以说，它是蜂群中的"母亲"。

蜂王的产生。蜜蜂繁殖到一定程度时，就会产生分蜂。在分蜂发生前，蜜蜂会先培育出新的蜂王，这时在巢脾的下缘会出现几个到十几个口向下的"王台"，它是专门用来培育新蜂王用的，这种因分蜂而产生的王台，叫"自然王台"。有时在蜂王伤残和衰老时，也会出现用来培育新蜂王用的王台，这种王台叫"自然交替王台"。有时蜂群中蜂王意外失掉时，工蜂也会把部分有小日龄幼虫的工蜂巢房紧急改造成王台，这种王台叫"急造王台"。

当王台成熟后，新蜂王在内部咬开一环裂爬出来，这叫"出房"。在新蜂王未出房之前，老蜂王带着约一半的青壮年工蜂离开原巢，另择合适的地方筑新巢，这种现象叫自然分蜂。新蜂王出巢后十分活跃，寻找其他王台，并把它们破坏，把其他的蜂王杀死，有时两只新蜂王几乎同时出台，它们就会进行一场你死我活的"格斗"，直至其中一只死亡为止。如果原蜂群的群势较强时，第一只新蜂王出台后，发现第二只新蜂王很快就要出台，它会再带着第一次分蜂留下来的工蜂的一半，产生第二次分蜂。

刚出台未交尾的新蜂王叫处女王，处女王出台后，第二天开始进行认巢飞行，叫"试飞"，经过几天试飞后的处女王就进行交尾。蜂王的交尾是在空中飞行时进行的，叫"婚飞"，一般发生在出台后的第4~7天，最早的婚飞发生在出台后的第三天。蜂王的婚飞在气温20℃以上的晴朗天气里进行，多发生在每天下午2~4时。婚飞时，首先有一些工蜂兴奋地围绕在处女蜂王周围，有些工蜂则排列成行，有的聚集在巢门口，翘起腹部，分泌的气味物质，引导处女王走出巢门，当处女王走出巢门口时，有些工蜂会用头部或前足驱使处女王起飞，有的工蜂还会"护送"处女王飞行一段距离。蜂王起飞后，聚集在巢门口的工蜂仍然翘起腹部，分泌气味物质，用翅膀强烈扇风，让分泌的气味物质扩散，用以招引交尾回巢的蜂王，以免蜂王误投他群，招致杀身之祸。

当蜂王外出交尾发生期间，整个蜂群的采集工作几乎停顿，全力投入蜂王交尾活动。由此可见，蜂王的交尾活动关系到整个蜂群的发展。

据观察，在一个地区，蜜蜂的交尾有一个较为固定的空域，叫交尾场，一般每年周边的蜂王都会在此空域进行交尾活动。在蜜蜂繁殖高峰期天气条件适合时，每天都有大量的雄蜂集中在此区域等候处女王的到来。当处女王进入此空域时，大量的雄蜂就会兴奋迎上去，但处女王并不是随便地与任何一只雄蜂交尾，它会继续快速向前飞行，只有体魄最好、飞行最快的雄蜂才能追上蜂王，与蜂王交配。这对蜜蜂保持优良的遗传基因有好处。

处女王在一次"婚飞"过程中可以与多只雄蜂交尾，直到贮精囊贮满精液为止。

交尾回来的蜂王进巢前可见其尾部带有一小段白色物，叫"交尾标志"，是交尾时雄蜂残留在蜂王体内的生殖器官。蜂王一般一生只在婚飞交尾时出巢，交尾回巢后除分蜂和飞逃外，一般不再离开蜂巢外出。

交尾回巢后的蜂王，工蜂会帮它除去交尾标志，并给蜂王饲喂蜂王浆，蜂王的腹部逐渐膨大，多在第二天或第三天开始产卵，中蜂的蜂王一般一天产卵达 500～800 粒，最多时可超过 1 000 粒。

蜂王产卵时，先把头伸进行巢房中，对巢房的大小和环境进行探测，如果该巢房已被工蜂清理好，适于产卵，蜂王就会把头缩回，再把尾部插入巢房中产卵，产完卵后继续寻找下一个可产卵的巢房。蜂王产卵一般从蜂巢中间的巢脾中央开始，以螺旋形向四周扩大。在巢脾上，蜂王产下的卵圈常呈椭圆形，养蜂学上称之为"产卵圈"。一般中间巢脾上的产卵圈最大，两边依次减小，整个产卵区呈椭圆球体，这有利于对育子区的保护，也是蜜蜂在进化过程为适应环境所形成的一个重要生物学特性。

蜂王产的卵有未受精卵和受精卵两种。蜂王在巢脾上的雄蜂房里（一般只在繁殖前期由工蜂构筑，多在巢脾的下部两角，其口径较大）产下的卵为未受精，以后发育成雄蜂。蜂王在巢脾的工蜂房里（除雄蜂房外，巢脾上绝大多数为工蜂房）产下的卵是受精卵，以后发育为工蜂。在蜂群繁殖期，巢脾的下缘常可见到几个到十几个开口向下、口径较大的巢房，这就是培育新蜂王用的王台台基，蜂王在王台台基中产下的卵也是受精卵，以后发育为蜂王。

有时因天气不好或缺少雄蜂，蜂王无法交尾时，也能产卵，但产下的都是未受精卵，这种卵以后全部发育为雄蜂。因此，对这种蜂王要及时用正常蜂王把它换掉。

中蜂的蜂王寿命长达 1～3 年时间，但以 1 年内的蜂王产卵力强，代谢旺盛，对蜂群工蜂的控制力、维持强群的能力较强。因此，对中蜂蜂王来说，一般在第二年开始，其产卵力下降，因此中蜂要求一年最少要换王 1～2 次。

在繁殖季节，蜂王每天产卵的总重比自身的体重还大，寿命又长达几年，这与它以蜂王浆这种神奇的物质为食有关。当蜂群要发生自然分蜂时，工蜂会停止对蜂王喂蜂王浆，蜂王的腹部就马上收缩，以适应外出飞行的需要。

（2）工蜂 在蜂群里，工蜂的个体最小，数量最多。工蜂是蜂群内一切工作（如哺育、采集、清洁和保卫等）的承担者，为了适应这些工作，工蜂的身体构造产生了特化，如管状的喙，便于吸取花朵蜜腺分泌的蜜汁；蜜囊可以暂时贮存蜜汁；后足特化出用于采集花粉的花粉刷、花粉栉和花粉篮等特殊构造，同时具有王浆腺、蜡腺和臭腺等，但生殖器官退化。

不同日龄的工蜂，其职能按不同日龄进行分工，按其不同日龄所负担工作不同，习惯上把工蜂分为幼年蜂、青年蜂、壮年蜂和老年蜂四个时期。掌握这四个时期工蜂所负担的工作，是蜂群管理的要点。

幼年蜂：一般指初出房到第 6 天。初出房的幼蜂，三天内需由其他工蜂喂食，其主要职能是担负蜂群保温和清理巢房的工作，四天后，能担负调制花粉、喂养幼虫等工作。

青年蜂：一般为出房 6～17 日龄的工蜂。此时工蜂的王浆腺已发达，其主要职能是分泌王浆喂养蜂王和 3 日龄以内的幼虫，并开始重复地头部朝着蜂巢，进行认巢的试飞及排泄粪便（正常的蜜蜂都是在飞行中把粪便排泄在巢外）。青年工蜂在第13～18 天开始，蜡腺发达，能分泌蜡片，此时主要担任筑巢、清巢、酿蜜和调节巢温等工作。

壮年蜂：指 17 日龄后的工蜂。其主要职能是担负采集花蜜、花粉和水分等工作，也担负部分守卫工作，是蜂群中最主要的生产者。外界蜜源植物大流蜜期到来时，培育大量壮年蜂在此时同期出现，是夺取高产的保证。

老年蜂：指采集后期，身上绒毛已磨损，呈现油黑光亮的工蜂。老年工蜂主要担负守卫等工作，当蜂群受到其他动物入侵时，会以牺牲自己的方式奋起迎击入侵者。当蜂群中缺乏食物时，这些老年蜂也很容易去偷盗其他蜂群的贮蜜而成为"盗蜂"。

幼年蜂和青年蜂多从事巢内的工作，也叫内勤蜂；壮年蜂和老年蜂多从事巢外工作，也叫外勤蜂。实际上，各阶段的工蜂所负担的工作可因外部和内部的需要有所变动，如外界蜜源植物开花很盛，蜂群内部又缺乏外勤蜂，此时青年蜂会提早担负采集工作。

工蜂的寿命一般为 1～3 个月，在夏天高温的繁忙采集季节，工蜂的寿命会短些，为 30～50 天；在温度较低和非采集季节，工蜂的寿命会长些。

影响工蜂寿命长短的原因主要是工蜂的劳动强

度和营养，如哺育幼虫的劳动强度、采集活动的劳动强度、调节巢温的劳动强度等；蜂蜜和花粉等食物是否充足也影响蜜蜂的寿命。

掌握工蜂不同时期的生物学特性，对指导蜂群的管理如加牌、育子和组织生产群等有重要的现实意义。

（3）雄蜂 雄蜂的眼大、体粗、身黑，出现于分蜂前期，数量在几十只到几百只不等。在蜂群出现王台之前，往往先出现雄蜂巢房和雄蜂。

雄蜂是由蜂王在雄蜂房中产下未受精的卵发育而来，但在蜂群失去蜂王后，有少数工蜂的卵巢会发育产卵，因工蜂没有交尾功能，所以产下的卵也是未受精卵，也发育为雄蜂。

雄蜂是蜂群中的雄性"公民"，它唯一的功能是与处女王交尾，被称为蜜蜂中的"花花公子"。虽然雄蜂在蜂群中过着不劳而获的生活，但也是蜂群遗传基因的主要载体，雄蜂是否优良影响后代工蜂的性状。为了保证有足够的雄蜂与蜂王交尾，应注意培育适量优质雄蜂。

雄蜂多在蜂群繁殖高峰期出现。雄蜂在出房后马上取食，第五天开始进行认巢试飞，试飞多在午后进行，其飞翔的天气条件与蜂王飞行的天气条件一致。雄蜂在第 10～13 天性成熟，以第 10～20 天交尾最适宜。在良好的天气条件下，雄蜂在空中边飞翔边寻找处女王，当发现处女王后，多只雄蜂同时追逐处女王，但只有体质最好、飞行最快的雄蜂才有机会与处女蜂王交尾，这对保持蜜蜂品种的优良性状具有好处。交尾完毕后，因生殖器官折断用于堵塞蜂王的阴道口，以防止精液外溢，雄蜂马上死亡。因此，雄蜂的婚礼和葬礼是同时进行的。

雄蜂寿命长达三个月左右，在分蜂季节，雄蜂误入其他蜂群，可被他群所接纳，而工蜂误入他群时可能会被围杀。但在外界缺乏蜜粉源和蜂群缺乏食物时，因雄蜂的食量很大，约为工蜂的 3 倍，因此雄蜂常被本群工蜂驱赶出巢外，冻饿而死。

在进行人工育王时，一般在雄蜂幼虫封盖一周后，开始移虫育王，就能使蜂王的交尾期与雄蜂的性成熟期相遇。对用来移虫育王的蜂群，为了避免育出来的蜂王与本群的雄蜂近亲交配，应把该蜂群里的雄蜂杀死。

### 4. 三型蜂之间的关系

蜂王是蜂群中唯一生殖器官发育完全的雌性蜂，是蜂群中所有个体的母亲，在正常情况下，一个蜂群中只有一只蜂王。因此，如果没有了蜂王，蜂群将无法繁殖，就会灭亡。但蜂王采集器官等退化，不能从事采集活动，也不能从事哺育工作，因此蜂王脱离了工蜂也不能生存下去。

工蜂是蜂群中一切工作的承担者，如采集、酿蜜、筑巢、调温、哺育、清洁、保卫等，但在正常情况下，它不能繁殖正常工蜂后代，因此蜂群没有了工蜂，也就不存在了。

雄蜂的主要功能是跟蜂王交配，也是蜂群遗传性状的载体，如果没有雄蜂，蜂王不能产下受精卵，也就不能繁殖工蜂，蜂群也要灭亡。但雄蜂跟蜂王一样，没有采集功能，不能自食其力，因此它脱离了蜂群很快就会死亡。

从以上可看出，蜂群三型蜂之间是一个统一的有机整体，存在着彼此互相依存的关系，共同营群体生活，这也是在进化过程中所形成的对环境高度适应的生物学特性。

**5. 蜂群之间的关系**

蜜蜂的基本单位是蜂群，每个蜂群都是独立的整体，蜂群与蜂群之间互不往来，但在食物缺乏季节，会出现一群蜂的工蜂去盗另一群蜂贮蜜的盗蜂现象，存在着食物的竞争。由于蜂群存在着食物的竞争，一旦发生盗蜂，会给管理造成很大麻烦，严重时，还会造成乱场，发生集体飞逃，损失巨大。因此，蜂群的摆放不宜太靠近，在蜜源缺乏季节，中蜂与西方蜜蜂不宜同场饲养。

不同群的蜜蜂以气味进行识别，每群蜂都有自己独特的气味，如果工蜂或者蜂王误入他群，会被围攻。但在流蜜季节，带有花蜜的采集蜂误入他群，可被接受。另外，在繁殖季节雄蜂误入他群，也可相安无事。

## （二）蜜蜂的巢

蜜蜂是营社会性生活的昆虫，其生活的基本条件是具有蜂巢和适宜的环境。蜂巢是蜜蜂繁衍生息和贮藏食物的场所。

**1. 蜂巢的结构**

蜜蜂的巢由 12～18 日龄青年工蜂腹部蜡腺分

泌的蜡片构筑而成（图5-2），呈垂直片状，这种片状物在养蜂学上叫巢脾，在野生的自然条件下，一个蜂巢有巢脾几片到十几片，甚至更多。每片巢脾的两侧，分布着很多横向六角柱形的小洞，这些小洞就叫巢房，巢房是蜜蜂用来产卵育虫、繁育后代以及贮存蜂蜜和花粉等食物的地方。

图5-2 中蜂的巢

蜜蜂造一个工蜂房需约50片蜡鳞，造一个雄蜂房则需要120片蜡鳞。蜜蜂分泌1千克蜂蜡含有400万片蜡鳞，需要消耗蜂蜜4.7千克，花粉0.89千克。因此，蜜蜂筑巢时需要充足的饲料、大量的青年工蜂及适宜的温度条件，在饲养管理上，为了减轻工蜂的劳动强度和减少饲料的消耗，往往在蜂群中加入工巢础，让工蜂在巢础上筑造房壁。

中蜂的巢房可分为工蜂房、雄蜂房、过渡型巢房和王台4种。

工蜂房位于巢脾的中下部，专门用来育子和贮藏蜂粮的地方。中蜂房内径为4.2～4.4毫米，深

11.5 毫米；100 个工蜂房约 20 厘米$^2$，一只工蜂约占 3 个房眼。

雄蜂房常在巢脾下缘两侧，是蜜蜂用来培育雄蜂和贮存蜂蜜的巢房。中蜂雄蜂房内径约 5.0～6.5 毫米，深约 12.5 毫米。

过渡型巢房主要用来加固巢脾和贮存食物，位于工蜂房和雄蜂房之间，以及巢脾边缘。

王台正常情况下是蜂群繁殖到了高峰期，蜂群要产生分蜂时出现，专门用于培育新蜂王用，多出现在巢脾下缘或两侧边缘，一般 3～5 个。工蜂先造成口朝下杯状的台基，蜂王产下受精卵后随着台基里幼虫的长大，工蜂逐渐对台基加高直到封盖，封盖后就叫王台，形似一个花生果。当蜂群突然失去蜂王时，工蜂会把巢脾上的有小龄幼虫的巢房改造成培育王台用的台基，进而成为王台，可在子区出现，不一定在巢脾的下缘，数量也比较多，这种王台叫急造王台。

在一般情况下，一片巢脾的上部是蜜蜂用来贮存蜂蜜的地方，叫贮蜜区；在巢脾的中下部，是蜜蜂用来育子的地方，叫育子区；在贮蜜区和育子区之间，是蜜蜂用来贮存花粉和蜂粮的地方，叫贮粉区。这三个区的大小比例，随着外界不同条件和蜂群内不同时期的需求有所不同，一般情况下，中间的育子区最大。巢脾的分区，也是蜜蜂在进化过程中一种对环境的高度适应，蜂粮（由花粉和蜂蜜经蜜蜂加工而成，为蜜蜂大龄幼虫的主要食料）紧挨着育子区，有利于工蜂就近搬运饲喂大龄幼虫，也为养蜂者收获蜂蜜提供了方便。

蜜蜂幼虫在巢房里化蛹之前，会吐丝作茧和蜕皮，出房后这层茧衣和蜕皮就留在巢房里，随着育子的次数增加，巢房的容积越来越小，颜色也越来越深，最后变成深褐色，这种巢脾叫老巢脾，老巢脾育出来的蜜蜂个体小，且由于旧巢脾还是巢虫（大蜡螟）的食物，因此中蜂会通过咬脾的方法去掉老巢脾，故中蜂对巢脾有"喜新厌旧"的行为，因此对中蜂饲养要及时淘汰旧巢脾，在华南地区，由于周年蜜蜂都可繁殖，一年要换巢脾两次，其他地方要视巢脾情况，但一张巢脾最好不要超过两年。

巢脾是蜜蜂繁殖和生活的场所，中蜂喜欢在新脾上育虫和贮蜜，因此在养蜂生产中应该利用蜂群内外的有利时机，多造新脾更换旧脾。

**2. 蜂巢的温湿度**

自然界中任何生物体无一例外都要受到外界温湿度的影响。每种生物正常生存、繁衍都必须有适宜的温湿度条件。蜜蜂属变温动物，单只蜜蜂在静止状态时，其体温会受外界气温的影响而发生变化。东方蜜蜂和西方蜜蜂在进化过程中，为适应外界环境，使蜂群能保持正常生存和繁殖，形成了营社会性"抱团取暖"的群体生活，形成了多片状、球形的蜂巢，有利于保温，选择在冬暖夏凉的环境筑巢，就是给蜜蜂造成一个较适宜的温湿度环境。

（1）温度对蜜蜂的影响　蜜蜂在不同发育阶段对温度的要求是不同的，三型之间也有差异。成年蜂生活最适宜温度为 18~25 ℃，中蜂活动的最低安全临界温度为 10 ℃，工蜂飞翔最适气温为 15~25 ℃，蜂王和雄蜂飞翔最适气温为 20~25 ℃。蜜蜂幼虫正常发育对温度非常严格，最适巢温为 34.4 ℃，高于 35 ℃ 或低于 34 ℃，都会影响蜜蜂幼虫的正常发育，轻者造成体质差、寿命短，或翅膀不正常，不能飞翔，重者造成死亡。

根据成年蜜蜂在不同温度下出现的反应，可分为 5 个温区：①致死高温区。温度达到 50 ℃ 以上，蜜蜂异常急躁，继而昏迷死亡。②亚致死高温区。温度在 40~50 ℃，蜜蜂代谢失调，长时间处于此温度，蜜蜂会采水和长时间扇风降温，缩短寿命，且会大量消耗饲料。③适宜温区：温度在 15~35 ℃，蜜蜂能正常进行采集活动，饲料消耗最少，寿命最长。④亚致死高温区。温度在 0~10 ℃，蜜蜂肌肉僵硬，停止飞翔，在短时间内升温，蜜蜂可以恢复活动，长时间蜜蜂有冻死的可能。⑤致死低温。温度在 0 ℃ 以下时，刚开始蜜蜂以加大新陈代谢的方法来产生热量，但当热量无法补偿损失的热量时，蜜蜂的一切活动就停止，温度在 -6 ℃ 以下时，蜜蜂因体液冻结而死亡。

（2）蜜蜂对蜂巢内温湿度的调节　在没有育子的蜂群内，蜂巢的温度在 14~32 ℃，有育子的蜂群，其育子区的温度在 34~35 ℃，温度太高和太低，都会影响蜜蜂幼虫的发育。蜜蜂对环境条件适应性较强，在此范围内可通过各种活动来调节巢内温度。

蜂群正常活动时蜜蜂的新陈代谢会产生一定热量，可使巢温比气温提高 8 ℃左右，视蜂群群势有所变动。在气温 28 ℃以上时，工蜂开始进行降温活动；当气温高于 30 ℃时，工蜂出勤减少；当气温高于 40 ℃时，除采水外，工蜂的其他采集都处于停止状态。

当温度太高时，蜜蜂通过"疏散"、静止、扇风和采水等方式来降低巢温。当温度升高时，附在子脾上的蜜蜂会自动散开，部分甚至会离开巢脾附着在蜂箱壁上不动，以减少因新陈代谢热量的产生和散发。若温度继续升高，蜜蜂就会振翅扇风，加快巢内空气的对流，若温度还不能降下来，工蜂就会从外界采水回来涂布在巢房壁上，并强烈振动翅膀扇风，使水分蒸发而降低巢温。但如果长时间超过一定的范围，如高温、高湿，会严重影响蜜蜂的生存和繁殖，蜜蜂会以飞逃的方式另觅合适的环境条件筑建新居。

当温度太低时，蜜蜂会通过紧密聚集和加强代谢产生热量等方式来提高巢温。

当外界气温降到 8 ℃以下时，大量的蜜蜂会密集在子脾上，形成球状，温度越低，蜜蜂聚集更加紧密，以缩小表面积，减少热量散失。同时，工蜂取食巢脾上的贮蜜，通过蜜蜂本身生命活动和胸部肌肉的运动而产生热量，有关研究显示，此时蜜蜂胸部的温度可达到 42 ℃，进而提高巢温。在高寒地区和寒冷季节，只要蜂群的巢脾上存有足够的蜂蜜和对蜂群做适度的保温，蜂群就可以安全度过寒冷的天气。

（3）蜜蜂与湿度　蜂群正常生长发育也需要一定的湿度条件。湿度一方面影响蜜蜂的代谢同时也影响病原物的繁殖和感染，另外也影响蜜蜂对温度的调节。与温度一样，蜂巢内的湿度也受环境的湿度影响。在一定范围内，蜜蜂也能对蜂群中的湿度进行调节。

蜜蜂对湿度的适应范围比较大，一般情况下，蜂巢中央区相对湿度在 76%～90%，其他区域在 30%～95%，大流蜜期蜂箱的湿度可以达到饱和，但此时蜂巢内部的湿度并不是很高，相对湿度在 55%～65%，这有利于加快蜜蜂酿蜜时蒸发的水分排出。

水分是蜜蜂调节温度的载体，蜂巢中温度过高时，蜜蜂就是通过扇风使水分成为水蒸气蒸发带走热量，但如果蜂箱中温度太高，也不利于蜂巢中的水分排出，可见高温高湿对蜜蜂来说是在调节温湿度时要付出巨大的劳动。因此，高温季节，蜂场一定要注意阴凉和相对干燥通风的环境条件。

强群对湿度的调节能力较强，如在流蜜期，强群可调节巢内的相对湿度在 55%左右，弱群只能调节在 65%左右，由此也可看出，强群对温度和湿度的调节能力大大强于弱群。组织强群收蜜，除采集能力强以外，其酿蜜能力也强，可提高蜂蜜的浓度。因此，对中蜂来说，强群是高产的保证。

在有越冬的地区，蜜蜂越冬时，蜂巢中的蜂蜜需要从周围空气中吸收水分，才能保持不结晶，才能被蜜蜂取食，此时环境的相对湿度最好保持在70%左右。

蜜蜂巢内的温湿度在一定的范围内可由蜜蜂的活动来调节，但长时间处于不良温湿度环境的蜂群，蜜蜂为了调节温湿度就要付出巨大的代价。一是要活动就要有食物支持，因此会消耗大量饲料。二是蜜蜂得不到适度休息，会影响体质和寿命。三是影响蜜蜂的繁殖和后代的抗逆力。因此，在饲养管理上，要人为创造一个适宜的温湿度环境，创造适于蜜蜂生存的蜂巢温湿度条件，有利于提高蜜蜂的抗逆性。

### （三）蜜蜂的信息传递

蜜蜂是一种营社会性生活的昆虫，成千上万只蜜蜂有条不紊地生活在一起，为了适应这种群体性的生活，蜜蜂形成了发达的信息系统，通过蜂群内个体之间的信息传递和交换，使整个蜂群形成一个有机体，有条不紊地进行各种活动。现已知道的，蜜蜂的信息传递主要有舞蹈和信息素。

#### 1. 蜜蜂的语言——舞蹈

对蜜蜂进行观察时，经常可见到个别蜜蜂在巢脾上振动翅膀，身体摆动，不停绕着圈子走，这就是蜂舞。

蜜蜂舞蹈是工蜂之间互相传递信息的一种方式。工蜂在巢脾上的舞蹈有圆舞、8字摆尾舞等，不同的舞蹈传递不同的信息。破译蜜蜂舞蹈所传递的信息，是养蜂学上的一个伟大发现。

　　侦察蜂在外界采了花蜜回巢时，把花蜜从蜜囊中反吐出来给其他工蜂，然后就跳起了舞蹈，及肢体动作告诉其他工蜂，它发现了蜜源，召唤其他蜜蜂去采集。

　　（1）圆舞　当侦察蜂在距蜂巢不远的地方采集到花蜜时，它在巢脾上跳舞兜着小圆圈，一会儿向左转圈，一会儿向右转圈，这就是圆舞（图5-3），意思是离蜂巢不远的地方发现蜜源。当侦察蜂在跳舞时，有些工蜂紧随其后，并不时用触角接触舞蹈蜂的腹部，这样舞蹈蜂身上附着的花香气味也同时传递给了其他工蜂。圆舞只能表示蜜源就在附近，但不能指示所在的方向。

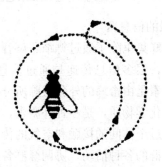

图5-3　蜜蜂跳圆舞示意图

　　（2）8字摆尾舞　当侦察蜂在离蜂巢较远的地方发现蜜源，回巢后在巢脾上就跳起了"摆尾舞"，舞蹈蜂在巢脾上先跑一个半圆，然后急转弯呈直线向舞蹈的起点跑去，再转向另一边跑一个半圆，随后又转弯沿刚才的直线向初始点跑去。这样整个舞蹈过程走过的线就形成了一个整圆（图5-4）。出可看作是一个被压缩的 8 字。在其走直线时，舞蹈蜂的腹部极力摆动，故这种舞蹈又被称为"摆尾舞"。摆尾舞除可以反映出蜜源的方向外，还可指示距离。

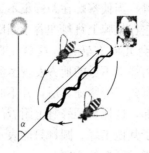

图 5-4　蜜蜂跳 8 字摆尾舞示意图

### 2. 蜜蜂的信息素

蜜蜂在蜂巢里除了通过舞蹈、声音和接触进行信息传递外，很多信息传递是通过信息素进行的。蜜蜂的信息素是由蜜蜂的外分泌腺所分泌的、成分极为复杂的化学物质，是一种外激素，它的量虽然很微，但通过个体间的接触和空气的传播，其作用直接影响蜂群的各种活动，协调蜂群各个体之间的多种行为。

（1）蜂王物质　是由蜂王分泌的一种外激素。这种激素靠工蜂传递，在蜂群内能维持蜂群有序的行为。

蜂群繁殖到一定程度时，工蜂的数量增多，或蜂王龄大，身体新陈代谢下降，蜂群中蜂王物质相对减少，这时可引起工蜂产生分蜂的欲望，而引发分蜂热的产生。当蜂群中失去蜂王时，蜂群内无蜂王物质存在，工蜂会出现短时的骚动，然后马上把有低龄幼虫的工蜂房咬大，改造成急造王台。

蜂王物质对工蜂的卵巢有抑制作用，当蜂王存在时，工蜂的卵巢不会发育，但蜂王失去后，经一小段时间，有少部分工蜂的卵巢就会发育，并产下卵，但所产的卵都为未受精卵，全部发育成雄蜂，最终引致蜂群毁灭。

（2）蜜蜂的标识性气味和报警激素　蜜蜂工蜂腹部末节背板上有一臭腺，能分泌出一种特殊的气味，用于招引同类，这种臭腺味叫标识性气味。标识性气味能招引远处的蜜蜂返巢；分蜂或飞逃时能招引蜜蜂团集；引导蜜蜂取食，招引空中飞行的蜜蜂飞向蜜源；招引婚飞或离巢的蜂王归巢等。

蜜蜂还能分泌一种报警激素，能引起蜂群处于高度警戒状态。当蜂群受到外界不良刺激（如敌害入侵、人为挤压、天气不好开箱检查引起蜜蜂不安等）时，受刺激的工蜂会释放出一种外激素，在极短的时间内可引起全群蜜蜂处于骚动的高度警戒状态，并群起围追攻击入侵者。

了解蜜蜂信息素，就可掌握蜜蜂一些行为产生的原因，人为去弊存利，加以利用。

## （四）蜜蜂的本能行为和条件反射

### 1. 蜜蜂的本能行为

蜜蜂的本能行为是先天性的。蜜蜂以下行为都属本能行为：蜜蜂的刺螫、遇喷烟等不良刺激时大量取食贮蜜、向上集结、采集活动、筑巢喂子、酿蜜调制蜂粮、进攻入侵者（包括不同群的蜜蜂）、驱逐雄蜂、筑造王台、自然分蜂、为幼虫巢房封盖和臭腺分泌等。

从整体上来说，蜜蜂的本能是在漫长的进化过程中为适应环境而获得的一种可遗传的行为，是一种物种生存的需要。但有时也会存在不利的方面，如有些群势很弱的蜂群，受到分蜂群发生分蜂的影响，有时会跟着产生不正常的分蜂现象。有的蜂群失去蜂王，出现工蜂产卵，面临整个蜂群毁灭之际，但该蜂群仍不肯接受诱入的产卵蜂王。

掌握蜂群的本能行为，养蜂者可以创造一些有利的条件，使蜜蜂的本能行为向着有利方面发挥。

**2. 蜜蜂的条件反射**

条件反射是蜜蜂的个体行为，是需要通过外界条件反复刺激而建立起来的一种行为。例如，蜜蜂刚出房时，不具有认识本群巢位的能力，但经几次试飞后，就能熟悉周围的环境，并产生记忆，飞出去后都能准确飞回巢内，而不会飞到其他群里去。某种植物的花香味，可以建立起蜜蜂采集某种植物花的条件反射。

蜜蜂的条件反射建立较快，失去也较快，当外界条件改变时，其条件反射也很快失去，需建立新的条件反射。

掌握蜜蜂的条件反射，养蜂者可以采取有效的措施，来控制蜜蜂的某些活动。例如通过训练，使蜜蜂去采集平时它们不喜欢采集的植物，这样就可以控制蜜蜂为某种植物授粉。用某种植物的蜂蜜去喂蜜蜂，可使蜜蜂在外界多种植物同时开花时，较集中地去采集某种植物，从而获得较单一的蜂蜜。在移动蜂箱时，如果是短距离移动，应每天移一小段距离，逐天移向目的地；对于较远距离的移动，应快速移到超出原蜂群活动的范围。

### （五）蜜蜂的营养与采集活动

#### 1. 蜜蜂的营养

蜜蜂的生存和繁衍，都需要从外界取得各种各样的营养物质，这些物质包括碳水化合物、蛋白质、脂肪、维生素、矿物质和水分等。这些物质主要靠蜜蜂在外界采集的花蜜和花粉来取得。蜜蜂的主要食物——蜂粮，就是蜂蜜和花粉调制而成的。

保证蜜蜂充足的营养条件，是保证蜜蜂正常繁殖、生长、发育的需要，是提高蜜蜂体质、减少蜜蜂病害发生的重要条件；注重蜜蜂福利，保持充足的成熟蜂蜜作为蜜蜂饲料，适当对蜂群补充蜂花粉等蛋白质饲料，是防控蜂病的一大重要措施。

工蜂只有取食营养丰富的蜂花粉后才能正常分泌蜂王浆，蜂王只有在取食蜂王浆后卵巢才能发育产卵，而卵孵化后的小幼虫，不论工蜂还是蜂王或雄蜂，其三日龄以内小幼虫都需要以蜂王浆为食，才能正常生长发育。

成年的蜜蜂只要有蜂蜜为食即可生存，但三日龄后的幼虫和幼蜂则需要取食花粉，才能正常生长发育。因此，缺乏花粉时蜂群就无法进行繁殖。此外，工蜂泌蜡造脾时，也需要同时取食花粉和蜂蜜才能进行。因此，当蜂群的生命活动最旺盛的时候，巢脾内必须有花粉和蜂蜜同时存在，才能满足蜂群的需要。在外界缺乏蜜源植物开花时，就要对蜂群进行适当补充饲喂一定量的糖水和花粉。

**2. 蜜蜂的采集活动**

蜜蜂从外界主要采集花蜜、花粉和水分。采集活动在晴暖天气较活跃，中蜂在 7 ℃以上时即进行有关的采集活动，以 18～30 ℃时采集最适宜。

蜜蜂采集的最远距离可达 2 千米以上，但距离越短，每次采集所需的时间就越少，每天采集的次数就越多，且蜜蜂在飞翔中消耗的食料也最少。所以，摆蜂场地一定要尽量靠近蜜源植物的地方。

（1）花蜜的采集  很多植物的花朵在开放时会分泌花蜜，蜜蜂的嗅觉很灵敏，在飞行中，数百米外就能发现植物花朵上的花蜜，当发现花朵有花蜜分泌时，就落到花朵上，用其口器特化成管状的喙，把花蜜吸进腹里一个呈袋状的蜜囊里，并混入含有转化酶的涎液，采集蜂回巢后吐在巢房里或把它交给内勤蜂进行酿蜜。

刚采回来的花蜜，水分和蔗糖的含量很高，内勤蜂把花蜜含在口部的喙端，通过喙的反复抽缩，把花蜜反复吞吐，并加以扇风，使蜜汁浓缩。当蜜汁达到一定浓度后，酿蜜蜂就把蜜汁涂布在贮蜜区的巢房壁上，在蜂巢的温度作用下，加上蜜蜂的不断扇风，蜜汁中的水分就不断蒸发，这样蜜汁的浓度就逐渐提高。内勤蜂在酿蜜过程中不断向蜜汁中加入转化酶，蜜汁中的蔗糖在转化酶的作用下逐渐转化。酿蜜是反复进行的，当蜜汁的浓度达到很高（含水量在20％以下）时，蜜蜂会把贮满蜂蜜的巢房用蜡进行封盖，刚开始封盖很薄，此时巢房中的蜂蜜水分仍能不断蒸发，蜜蜂不断把贮蜜的巢房封盖加厚，当巢房中的蜂蜜水分达到最高时，就成为成熟的蜂蜜，这样可长期贮存而不变质。当缺乏食物时，蜜蜂把蜡盖咬掉，取食蜂蜜。养蜂者收获的就是蜜蜂贮存在巢房里的蜂蜜。

（2）花粉的采集 蜜蜂工蜂身上有高度特化的形态结构用于采集花粉。工蜂发现粉源后，便落在花朵上，用六足刷集花粉，在飞行中，通过足的一系列刷集和传递，把身上绒毛沾着的花粉集中到后足的"花粉篮"中，堆积成团，带回巢内。

采粉的工蜂回巢后，把花粉团卸于靠近育虫区的巢房内，内勤蜂用口器和头部把花粉团嚼碎和夯实，并吐入蜂蜜湿润，这就是供育子用的"蜂粮"。当蜂粮在巢房贮存到一定程度时，蜜蜂在上面加上一层蜂蜜，这样就可较长时间保存。当外界缺少粉源时，蜜蜂就取食贮存的蜂粮。对中蜂来说，由于能利用零星的蜜粉源植物，巢内严重缺粉的现象发生较少，但有时在外界蜜粉源不足时，为促进蜂群的繁殖，也要适当补充饲喂花粉或代花粉饲料。

蜜蜂在采粉的同时，也对植物进行授粉，因此蜜蜂采集花粉的行为对植物的授粉具有特殊的意义。

（3）采水 蜜蜂的生命活动需要水分，但在一般情况下采集进巢花蜜中所含的水分已可满足蜂群的需要，但当巢内湿度太低或温度太高时，蜜蜂会外出采水，以提高湿度和降低温度。有时在繁殖高峰期（多发生于春季），会发现蜜蜂从外界采水，这可能是蜂群内缺水，也有可能是蜜蜂为获得水中的矿物质而进行的采集活动。在高温季节，如蜂场附近缺乏合适的采水场所，应对蜜蜂进行喂水，在早春蜂群繁殖高峰期，可用加进适量（一般不超过0.5%）的食盐水喂蜂。

西方蜜蜂还有采集树胶的特性，中蜂则无采集树胶的行为。

# 六、 蜜粉源植物

蜜蜂的食物来源，主要是从外界植物上采集回来的花蜜和花粉。能分泌花蜜供蜜蜂采集的植物叫蜜源植物，能产生花粉供蜜蜂采集的植物叫粉源植物，大多数的植物既有花蜜又有花粉，统称为蜜粉源植物，简称为蜜源植物。蜜粉源植物是蜜蜂生存的基础，也是发展养蜂生产的物质基础，养蜂者应充分掌握蜜粉源植物的特点，才能取得好的经济效益。

在蜜粉源植物里面，蜜蜂采集后养蜂者能收获到商品蜂蜜的叫主要蜜粉源植物。蜜蜂采集后只能维持本蜂群生存和繁殖的植物，叫辅助蜜粉源植物。主要蜜源植物是养蜂者取得经济效益的植物，辅助蜜粉源植物则对蜂群的繁殖起着很大的作用，一个理想的放蜂场地，除应有大量的主要蜜粉源植物外，还应有足够的辅助蜜粉源植物。

## （一）我国蜜粉源植物概况

我国国土辽阔，南北跨度大，地貌多样，气候差异明显，形成了植物的多样性，其中有很多可被蜜蜂采集和利用的蜜粉源植物，据徐万林等的初步调查，我国的蜜粉源植物达到 14 000 多种。丰富的蜜粉源植物为养蜂打下了基础。

我国主要蜜粉源植物的分布区域：

东北：椴树、胡枝子、向日葵、枣树、油菜、洋槐等。

西北：油菜、棉花、向日葵、枣树、刺槐、荆条、枸杞、党参、北芪、老瓜头、荞麦、牧草、盐肤木、芝麻等。

华北：油菜、洋槐、向日葵、枣树、荆条、芝麻等。

华中：油菜、洋槐、向日葵、枣树、荆条、乌桕、枔、盐肤木、芝麻等。

西南：油菜、荆条、苕子、野坝子、野藿香、洋槐、荔枝、龙眼、盐肤木等。

华东：油菜、洋槐、枣树、荆条等。

华南：荔枝、龙眼、乌桕、枔、鹅掌柴、桉树、盐肤木。

## （二）了解饲养地区蜜粉源植物的种类和分布

饲养中蜂前及饲养过程中应对当地蜜粉源植物进行调查，熟悉并掌握饲养地区的资源状况。主要从以下几方面进行调查。

### 1. 种类调查

包括农作物、牧草、绿肥、果树、林木、药材、野生蜜源植物、有害蜜源，对调查的对象需要采集标本或照相。同时要详细了解辅助蜜源植物的概况。

**2. 花期调查**

调查主要蜜源植物的开花期和流蜜期，以公历的月、日和 24 节气为准，统一使用"始""盛期""末"记载。辅助蜜源以旬为准，开花和流蜜时间以观察点记载的为准，写明观察的地点、海拔高度、阳坡或阴坡等项目。蜜蜂上花采蜜就为泌蜜期，泌蜜盛期必定是百花盛开时。

**3. 面积/分布/价值**

咨询相关部门，统计栽培蜜源植物（包括农作物、绿肥、牧草、果林、用材林、药材等）在该地区的生长面积和分布情况；向林业等部门了解野生蜜源植物的面积和数量，走访养蜂和蜂业公司，获得在正常年景下此地蜜源的生长量、蜂群数量和蜂产品收购量。

**4. 气候因素**

调查温度、温度、雨量、风、光照、冰雹、霜冻等对蜜源植物泌蜜的影响。

**5. 生长状况**

包括蜜源植物本身的营养、长势、病虫害、年龄、花芽分化等情况以及木本植物泌蜜的大小年等。

下面以广东省为例进行具体介绍。

广东省全省面积约 18 万千米$^2$，地处热带、亚热带，气候温暖湿润，有利于各种植物生长，全省约有植物种类 8 000 种以上。生长期长、多年生的植物大多无冬眠期，全年可见有植物开花，在冬季还可见乔木开花，这是广东省植被的特点。

在品种繁多的植物种类中，能作为重要蜜粉源植物的有 180 多种，可生产商品蜜的主要蜜粉源植物也有 10 多种，为养蜂生产提供了得天独厚的有利条件。

在蜜源植物中，除部分为人工种植的果树或农作物外，多数为分布于山区丘陵地带的野生植物，多呈现零星分布，不连成片，这对中蜂来说极为有利，很适于定地饲养或小转地（在本省内转地放蜂）饲养，都可取得好的经济效益。

随着农业经济的发展，人工种植的蜜源植物日益增多。据 2013 年年底统计，全省有水果约 111.98 万公顷，其中荔枝 27.28 万公顷，龙眼 12.70 万公顷，柑橘 25.93 万公顷，李 5.62 万公顷，柚子 3.87 万公顷，柿子 1.60 万公顷，香蕉 12.7 万公顷，菠萝 3.47 万公顷，杂果 14.5 万公顷。此外，还有大面积的水稻，雷州半岛有大面积的桉树林以及一定面积的橡胶林和椰子树，粤北山区有少量的油菜。全省各地还有一些人工种植的绿化花木等。

荔枝主要分布在北回归线以南地区，以广州地区的白云区、从化、增城，粤西地区的高州、化州、电白，珠江三角洲的东莞、深圳和粤东地区的普宁、惠来、惠东最多。龙眼以高州、化州和花都种植面积最大。柑橘全省都有种植，其中以潮汕平原、新会、四会、化州等老种植区，以及粤北地区的南雄、始兴、曲江和梅县地区的梅县，惠阳地区的龙门等地种植面积最大，但近年来因病害等原因，种植面积逐年减少，加上柑橘开花期前后大量施用长效农药，易造成蜜蜂农药中毒，因此作为蜜源植物的作用越来越小。油菜在粤北地区的英德、韶关、翁源、乳源、曲江还有少量种植。香蕉主要分布在珠江三角洲，以东莞、顺德及高州等地种植面积最多。桉树全省各地都有种植，以雷州半岛的徐闻、海康、电白、遂溪等地的面积最大，多为人工种植的防护林。近年来，在广东省大量种植的速生桉为经济林，由于其采用毁生态林种植，对蜜源植物形成了不可恢复的破坏，加上一般在树龄5年砍伐完毕，而这时正是开花较多的时候，因此对养蜂利用价值不大，相反给养蜂生产造成了巨大的破坏。

在山区和丘陵地区，有大面积的次生林，生长着大量的山乌桕、野桂花和鸭脚木等主要蜜源植物。以广州郊县、惠州市、梅州市、河源市、肇庆市、清远市和英德市等地区分布最多。

在广东省虽然人工种植的蜜源植物面积越来越大，但在山区的野生蜜源植物（如鸭脚木等）却有不同的命运。随着山区资源的开发，这些可以用来栽培食用菌的蜜源植物遭到滥砍滥伐，导致数量越来越少。近年来，滥砍滥伐的现象虽然得到政府有关部门的重视，采取措施加以限制，但要恢复到原来的水平，还要一段相当长的时间。要发展养蜂业，就一定要保护好蜜蜂赖以生存的蜜源植物。

### （三）蜜源花期的预报

**1. 花期预报**

在同一个地区相似环境条件下，一种蜜源每年开花的时间大致相同，但由于雨水、气温以及栽培时间等的差异，该种植物在不同的年份，开花时间会提前或错后几天，因此，须对蜜源花期准确预报。

（1）木本或野生蜜源植物的花期：以刺槐为例，其盛花期预报可由下式推算。

$$D = A_1 + (I - A)$$

式中：

D——刺槐盛花期；

I——刺槐盛花期的多年平均日期；

A——早于刺槐盛花期以前的某一物候现象在当年出现的日期；

$A_1$——某一物候现象的多年平均日期。

（2）栽培作物蜜源植物的花期：可由该作物播种日＋生长发育期以及气候的变化特点进行推算。

**2. 泌蜜预测**

根据多年放蜂经验、气象、土壤等，预测蜜源花的泌蜜量。

在有条件的情况下，最好了解饲养地区每种植物的开花特点，仍以广东为例进行介绍。

广东省一年四季虽然都有花开，但只有春、夏、冬才有主要蜜源植物开花，秋季缺少主要蜜源植物开花，因此形成一年只有三个可收取蜂蜜的泌蜜期，即春季的荔枝、龙眼花期，夏季的山乌桕、桉树花期和冬季的野桂花、鸭脚木等花期。现将这三大蜜源植物的开花特点介绍如下。

## 3. 荔枝、龙眼

荔枝为人工种植的乔木，可分为早、中、晚熟三个品系。早熟荔枝主要种植在雷州半岛，早熟荔枝开花时所分泌的花粉和花蜜都不及中、晚熟品种，因此荔枝花期主要利用中、晚熟的品种，其中因晚熟品种的种植面积最大，所以中熟品种可用来繁殖蜂群，晚熟品种则可收取蜂蜜。中熟品种开花期一般在 3 月下旬到 4 月上旬，晚熟品种开花期一般在 4 月初到 4 月下旬。荔枝开花期长达 15～20 天，但大流蜜期只有 5～7 天。荔枝花期以雷州半岛最早，深圳的花期比从化早 5 天，因此可利用不同地方蜜源植物开花的时间差，在一个地方采完大流蜜期后转地到另一个地方采集另一个大流蜜期。

荔枝开花受如下因素影响：

（1）温度　荔枝喜温怕冻，但在花芽分化阶段（一般在小寒到大寒）需要一段 3～10 ℃的低温时期，低温开始越早，持续时间越长，对花芽分化越有利，但在这段时间里如果碰上阴雨天也不利于花芽分化。

荔枝开花以 18～30 ℃的气温为好，以 22～27 ℃时泌蜜最多，凡是晚上蛙声大作、早有薄雾、白天晴朗气温高，荔枝花泌蜜最多，蜜蜂采集最活跃。

（2）大小年　荔枝开花有大小年之分，在广东一般单数年（如 1997 年）为大年，双数年（如 1998 年）为小年。小年荔枝的花序只有大年的一半左右，且泌蜜量也相对较少。随着荔枝种植技术的提高，大小年已能通过加强种植管理而得到逐步控制。

蜜蜂在采集荔枝花时应以强群进场，注意保温和防止农药中毒。

龙眼的花期一般在 4 月中旬到下旬，影响其开花泌蜜的条件与荔枝相近。一般在采集完荔枝的大流蜜期后，即为龙眼的大流蜜高峰期，可紧接着采集。但由于太长时间处于收蜜季节，会对蜂群的群势造成很大影响，收蜜时要注意保护子脾，花粉不足时要适当补充。

荔枝蜜和龙眼蜜都是我国的优质蜜，为广东的著名蜜种，香味浓郁，甘甜适口，深受消费者所喜爱。

### 4. 山乌桕

山乌桕是夏季的主要蜜源植物（图 6-1）。

山乌桕为生长于山区的野生落叶乔木，开花期在 5 月下旬到 6 月下旬，泌蜜期 20～30 天。高温高湿有利于山乌桕花泌蜜，如傍晚下小雨次日晴朗高温，泌蜜最涌。

乌桕蜜味道清香，微有酸味，但浓度低，极易发酵。

### 5. 野桂花和鸭脚木

野桂花和鸭脚木是冬季的蜜源植物，相对于夏季蜜源植物来说，这两种蜜源植物具有高产、稳

图 6-1 山乌桕

产、优质的特点，因此是广东省养蜂最重要的蜜源植物。

野桂花（柃）为山上野生的小灌木（图 6-2），别称山茶子（大叶茶、小叶茶、米碎茶、鱼骨茶）、虾辣眼等，其实它不是桂花，在分类学上是柃属植物几个品种的总称。在广东省最少有 7 个品种以上。

图 6-2 野桂花（柃）

鸭脚木也是生长在山区的蜜源植物（图 6-3），乔木，别名鹅掌柴，学名八叶五加。

野桂花和鸭脚木的开花期基本相同，在个别地方野桂花开花比鸭脚木早，在有的地方同期开花，有的地方则晚一点，因此广东人常说的冬蜜，实则为野桂花蜜和鸭脚木蜜混合在一起的总称。

图 6-3　鸭脚木（八叶五加）

野桂花和鸭脚木花期一般在 11 月中旬到 12 月下旬，长达一个多月。气候条件对野桂花和鸭脚木的开花泌蜜有如下影响：10 月雨水充沛，对花芽分化有利，花序长，干旱则花序短；流蜜期的最适温度为 17～25 ℃；晚上有雾、白天高温、晴朗无风的天气泌蜜最好，也最利于蜜蜂采集。在我国，野桂花蜜有蜜中之王的称号，冬蜜是广东人习惯食用的蜜种，因此冬蜜是一种优质产品。

近年来，在广东陆续发现了一些新的蜜源植物，如银合欢、薇甘菊、三叶鬼针草、过天网等。银合欢、薇甘菊、三叶鬼针草是外来入侵生物，但是一种良好的蜜源植物，其中三叶鬼针草和过天网在有些地方还可以收到蜂蜜。

除了主要蜜源植物外，还有品种繁多的辅助蜜源植物。现将广东省常见的蜜源植物列于表 6-1。

### 表 6-1　广东省重要蜜源植物一览表

| 名　称 | 别　名 | 开花时间 | 泌蜜量 | 泌粉量 |
|---|---|---|---|---|
| 梅树 | 青梅 | 1 月上旬至 2 月上旬 | 少量 | 少量 |
| 油菜 | 菜籽 | 1 月中旬至 2 月中旬 | 丰富 | 丰富 |
| 桃树 | — | 1 月下旬至 2 月下旬 | 少量 | 少量 |
| 酸藤子 | 甜酸子 | 1 月下旬至 2 月下旬 | 丰富 | 少量 |
| 枫树 | 三角枫 | 2 月上旬至 2 月下旬 | 较多 | 较多 |
| 蚕豆 | 胡豆 | 2 月上旬至 3 月上旬 | 较多 | 少量 |
| 朴树 | 米籽 | 2 月下旬至 3 月上旬 | 少量 | — |
| 李树 | — | 2 月下旬至 3 月中旬 | 少量 | 少量 |
| 豌豆 | — | 2 月下旬至 3 月下旬 | 少量 | 少量 |
| 马尾松 | 松树 | 2 月至 3 月 | — | 丰富 |
| 沙梨 | 梨 | 2 月至 3 月 | 较多 | 少量 |
| 紫云英 | 红花草 | 3 月 | 较多 | 丰富 |
| 柑橘 | — | 3 月 | 丰富* | 丰富 |
| 山楂 | — | 3 月上旬至 4 月上旬 | 少量 | — |
| 荔枝 | — | 3 月下旬至 4 月下旬 | 丰富* | 丰富 |
| 三叶鬼针 | 鬼针草 | 3 月下旬至 11 月下旬 | 少量 | 少量 |
| 橡胶树 | 三叶橡胶 | | 较多 | 少量 |
| 台湾相思 | | 3 月至 4 月 | — | 较多 |
| 金樱 | 糖罂勒 | 3 月至 4 月 | — | 较多 |
| 椎树 | | 3 月至 4 月 | 丰富 | 较多 |
| 黄皮 | — | 4 月 | 较多 | 较多 |
| 龙眼 | 桂圆 | 4 月 | 丰富* | 少量 |
| 柿树 | 苻 | 4 月 | 较多 | 少量 |

（续）

| 名 称 | 别 名 | 开花时间 | 泌蜜量 | 泌粉量 |
|---|---|---|---|---|
| 板栗 | 枫栗 | 4 月 | 较多 | 少量 |
| 石斑 | 黄斑木 | 4 月下旬至 5 月上旬 | 较多 | 少量 |
| 鱲萠栲 | 牛盼 | 4 月下旬至 5 月上旬 | 少量 | 较多 |
| 黄牛木 | 雀笼木 | 4 月下旬至 5 月上旬 | 较多 | 少量 |
| 香樟 | 樟树 | 5 月上旬至 5 月下旬 | 少量 | — |
| 玉米 | 玉蜀黍 | 4 月至 5 月 | — | 较多 |
| 大豆 | 黄豆 | 4 月至 5 月 | 少量 | 少量 |
| 黄瓜 | 青瓜 | 4 月至 5 月 | 少量 | 较多 |
| 南瓜 | 番瓜 | 4 月至 6 月 | 较多 | 较多 |
| 西瓜 | — | 4 月至 8 月 | 较多 | 较多 |
| 香蕉 | — | 4 月至 8 月 | 较多 | — |
| 山乌桕 | 乌桕 | 4 月至 8 月 | 丰富* | 较多 |
| 隆缘桉 | 细叶桉 | 5 月下旬至 6 月下旬 | 丰富* | 丰富 |
| 水稻 | 禾 | 6 月 | — | 较多 |
| 岗松 | 扫把枝 | 5 月至 9 月 | 较多 | 少量 |
| 锡叶藤 | 涩叶藤 | 6 月至 7 月 | — | 较多 |
| 椰树 | 椰子树 | 6 月至 7 月 | 较多 | 丰富 |
| | | 7 月至 8 月 | | |
| 田菁 | — | 7 月至 8 月 | 较多 | 较多 |
| 蓖麻 | — | 7 月至 8 月 | — | 少量 |
| 含羞草 | — | 7 月至 10 月 | — | 较多 |
| 稠木 | — | 8 月下旬至 9 月上旬 | 较多 | 少量 |
| 异木棉 | | 8 月下旬至 9 月中旬 | 较多 | 少量 |

# 六、蜜粉源植物

（续）

| 名　称 | 别　名 | 开花时间 | 泌蜜量 | 泌粉量 |
|---|---|---|---|---|
| 盐肤木 | 滨盐肤木 | 8月下旬至9月中旬 | 少量 | 较多 |
| 桉树 | 大叶桉 | 9月上旬至9月下旬 | 较多 | 较多 |
| 白背叶 | 白背 | 9月中旬至9月下旬 | 少量 | 较多 |
| 米西荷 | 毛蒂 | 9月下旬至10月中旬 | 较多 | 较多 |
| 过天网 | 黄花仔 | 9月下旬至10月下旬 | 丰富 | |
| 荞麦 | 三角麦 | 9月下旬至10月下旬 | 丰富 | 较多 |
| 鸭嘴草 | 茸草 | 10月 | — | 丰富 |
| 芒草 | 芒花 | 10月 | — | 较多 |
| 野菊 | 路边菊 | 10月中旬至11月中旬 | 少量 | 丰富 |
| 甘薯 | 番薯 | 11月 | 较多 | — |
| 茶树 | — | 11月上旬至12月上旬 | 较多 | 较多 |
| 柃 | 野桂花 | 11月上旬至1月上旬 | 丰富* | 少量 |
| 八叶五加 | 鸭脚木 | 11月中旬至1月上旬 | 丰富* | 丰富 |
| 柠檬桉 | 剥皮桉 | 12月中旬至2月上旬 | 较多 | 较多 |
| 山苍 | 山苍子 | 12月至2月 | 少量 | 少量 |

注：在泌蜜量中，有 * 标记者为主要蜜源植物。

# 七、养蜂工具

养蜂工具是养蜂生产必不可少的基本条件之一。适合蜜蜂生物学特性、操作方便、便宜耐用的养蜂工具，是科学养蜂的要求。

随着养蜂业的发展和养蜂技术的提高，养蜂工具也在不断的改进。在早期，人们把蜜蜂饲养在掏空了心的木头里和木桶里，或饲养在竹片编成的竹笼里。19世纪末期开始，随着西方蜜蜂及其饲养技术的引进和普及，活框式的蜂箱、巢础和分蜜机三大蜂具也开始在我国出现，并在20世纪50年代开始引用到中蜂饲养上。随着科学技术的发展和蜂产品的应用日益广泛，养蜂工具也有了很大的改进，并向标准化发展，以更能适应蜜蜂的生物学特点，适应规模化生产和机械化生产的需要。

对于养蜂者来说，主要的养蜂用具有蜂箱（包括巢框、隔板等）、巢础和摇蜜机（也叫分蜜机），还有囚王笼（简称王笼）、收蜂器、喷烟器、蜂帽、起刮刀、割蜜刀和饲喂器等。其中蜂箱和收蜂器需要自己做，其他可在商店购买。现将蜂具介绍如下。

## （一）蜂箱

蜂箱是用来供蜜蜂筑巢、生活和繁殖的地方。

蜂箱既要能保持适当的温湿度，又要有良好的通风条件。以前养蜂用的是树桶、木桶和竹笼等，但随着养蜂技术的发展，这种不便于管理的"蜂箱"逐渐被可以开箱、把蜜蜂的巢脾提出来检查的活框蜂箱所代替。

蜂箱一般要求用耐日晒雨淋、不易变形、无异味的轻质干燥木板（如杉木板等）做成，外面用油漆涂刷，蜂箱做好后，要等木头和油漆的味道消失后才能使用。为了便于蜂群的管理操作和实现机械化养蜂的需要，同一蜂场的蜂箱及其附件（如巢框和保温板等）的规格要统一，以便于交换使用。结构要坚实、轻巧、实用。制作要方便，造价要低廉。

在广东，不同地区的养蜂者习惯用不同型式的蜂箱，最常见的蜂箱有三种箱型，即从化式、中笼式和标准式。

从化式蜂箱：主要应用地区为从化、佛岗等地，其体积在三种蜂箱中最小，一般可容纳8个巢框，其生产性能较差，但很有利于蜂群的繁殖，在早春，其繁殖优势更为明显。

中笼式蜂箱：主要应用地区为惠阳、河源等地，一般可容纳10个巢框，生产性能较好。

标准式蜂箱：为全国统一标准的中蜂十框标准蜂箱，可容纳10个巢框，现在全国各地推广使用。使用标准式蜂箱是标准化生产的要求，它除了有较好的生产性能外，还可在不同蜂场之间调换使用。下面对蜂箱规格的介绍，都以标准式蜂箱为主，但各地也可因地制宜，选择适当型式的蜂箱。

GK式蜂箱：国家蜂产业技术体系广州综合试验站结合广东省养蜂业存在的问题开发的一款十框式蜂箱，结构比较合理，较适于华南中蜂的饲养，增产效果明显。

一个完整的蜂箱由巢框、箱体、箱盖、纱副盖、隔板和闸板组成（图7-1）。

## 1. 巢框

巢框是新法养蜂活框蜂箱的重要部件，供给蜜蜂筑造巢脾的框格，也是制作蜂箱的依据。巢框由上框梁、下框梁和两片侧条所组成。

不同型式的蜂箱，所用的巢框规格不同（表7-1）。

表7-1　中蜂三式蜂箱巢框规格（毫米）

| 蜂箱型式 | 巢框内围 | | 有效面积（厘米$^2$） | 巢框上梁 | |
|---|---|---|---|---|---|
| | 宽 | 高 | | 宽 | 厚 |
| 从化式 | 355 | 206 | 731.3 | 25 | 20 |
| 中笼式 | 385 | 206 | 793.1 | 25 | 20 |
| 标准式 | 400 | 220 | 880.0 | 25 | 20 |
| GK式 | 380 | 240 | 912.0 | 25 | 20 |

巢框内围的规格和巢框的数量，决定着蜂箱的大小。

巢框用材，上梁可用长456毫米、宽25毫米、中间长400毫米厚度20毫米、两端长28毫米厚度

10 毫米的木条；侧板可用长 240 毫米、上端三分之一处宽度 25 毫米，中间逐渐缩小，到末端的宽度 15 毫米，厚 10 毫米；下梁长 400 毫米，宽和厚各 10 毫米。这样做成的巢框内空规格为长 400 毫米，高 200 毫米。框架做成后，在内空等距离横拉上三条 25 号或 23 号铁丝，拉紧后铁丝能发出清脆的响声即可。

**2. 箱体**

中蜂箱的箱体一般用厚 20 毫米的木板做成。

箱体的规格如下（单位：毫米）：

下部（放巢框部分）内围：长×宽×高＝440×370×247

上部（巢框上部空间）内围：长×宽×高＝460×370×23

在箱体的两头靠底部的地方开巢门，可开一个长×宽为 80 毫米×5 毫米的长条洞，也可钻直径为 6 毫米左右的小圆洞 5～7 个，每个相隔 2 毫米。巢门外用一条 10 毫米的木方条（长以盖住巢门为度）做成关闭巢门的门，可把小木条一边做成三角形，用另一条一边为三角形的木条卡住。在两头的左上方各开一个长×宽为 100 毫米×50 毫米的气窗，里面用铁纱封住。气窗的外面也要有可开闭或调节的门。

**3. 箱盖**

其内围以能盖住蜂箱上部即可，一般内围规格为长 482 毫米，宽 412 毫米，高 100 毫米。在箱盖侧面的顶部，每边各开两个活动小气窗，规格为

50毫米×10毫米，可把开窗时锯下来的小木块装回去，上钉一铁钉即成为一个可以调节和关闭的小气窗，其作用有两个：一是在转场运输过程中打开，可以通风；二是在大流蜜期时，因蜜蜂在巢中酿蜜，蜂箱中湿度很大，这时打开气窗可加速蜂箱中水分排出，有助于提高蜂蜜浓度，加快蜂蜜成熟和减轻蜜蜂的劳动强度。

**4. 隔板**

当一群蜜蜂的群势不能充满蜂箱时，用一块木板把蜜蜂与蜂箱的空间隔开，使蜂群能更好地维持温湿度，这块木板就叫隔板。隔板的大小与巢框相同，只是整块用木板做成，厚度为8～10毫米。

**5. 纱副盖**

为一长×宽×厚为480毫米×410毫米×20毫米的木框，钉上铁纱或尼龙网纱即成。其作用是盖于巢框之上，箱盖之下，在低温时可在其上加保温物；在转场过程中，当箱盖打开侧面气窗时，有纱副盖存在，既可以通风又不使蜜蜂走失。

**6. 闸板**

闸板是用来把一个蜂箱隔开，成为可养两群蜜蜂的双群箱，形状与隔板相同，只是规格稍大，以能把蜂箱隔开不让蜜蜂通过为度。一般上梁长458毫米，高23毫米，下板高270毫米，长444毫米（比箱体内围长0.4毫米，厚度8～10毫米。在蜂箱壁两端的中间，开两条深2毫米的槽，把闸板插下去以后，就能稳固和密闭）。

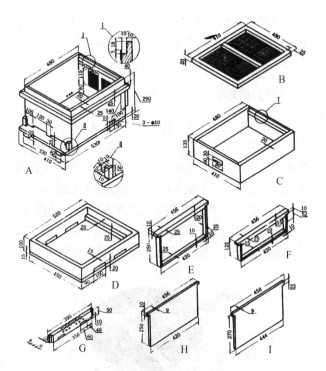

图 7-1 中华蜜蜂十框蜂箱的结构（毫米）
A. 底箱  B. 副盖  C. 浅继箱  D. 大盖  E. 巢框
F. 浅继箱巢框  G. 巢门档  H. 隔板  I. 隔堵板

## （二）巢础

巢础是蜜蜂筑巢的基础，是人为模仿蜜蜂筑巢的生物学特性，把蜂蜡做成片状经巢础机压纹而成，上部压有蜜蜂巢房，基部压有三棱形的花纹。巢础装在巢框上后，加进蜂群里，蜜蜂就会在上面做出一个完整的巢房。巢础可在蜂具商店购买，中蜂巢础要求巢房基大小均匀，边角线明显，厚度适中（以每千克23~24张为宜），厚薄一致，蜂蜡香味浓郁，无明显石蜡味。

### （三）摇蜜机

摇蜜机（图7-2）也叫分蜜机、收蜜机、离蜜机，最好用不锈钢或塑料等符合食品卫生要求的材料做成。其外面是一直筒的桶，中间有一转轴，转轴两侧为放巢框的架，上面为摇把，摇把与中轴用齿轮连接。近年来，为了减轻养蜂员摇摆蜜时的劳动强度，不少蜂具厂研制生产了电动摇蜜机。对中蜂来说，购买电动摇蜜机时，要注意挑选无级变速摇蜜机。

图7-2　摇蜜机

### （四）其他养蜂工具

#### 1. 收蜂器

中蜂的收蜂器多用竹篾等编织而成（图7-3），

也叫收蜂笼。其形若无檐帽，顶部半圆，口径约250毫米，高约350毫米，里面用旧巢脾煮溶后涂上一薄层，顶端用一根绳子吊住。

图7-3　收蜂器

## 2. 囚王笼

简称王笼，其作用是用来幽禁蜂王，市售王笼一般用小竹条和塑料片做成（图7-4），其间隙仅可供工蜂自由出入，蜂王不能进出。使用时把蜂王

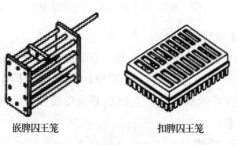

嵌脾囚王笼　　　　扣脾囚王笼

图7-4　囚王笼（仿张中印）

和几只工蜂一起扣在巢脾上。王笼也可自己做，用小铁丝螺旋绕成大小和形状都与小指头一样的长筒状，长约25～30毫米，一头密封，一头开口，开口一端留一小段铁丝，用来插进巢脾里。开口用一块硬纸片或金属片堵上即可。

**3. 蜂王诱入器**

用于向蜂群介绍蜂王时保护蜂王（图7-5）。用铁纱网做成的无底盒状，其眼孔不能让工蜂通过，使用时把蜂王带几只原群的工蜂一起，扣在介绍进的蜂群巢脾上。

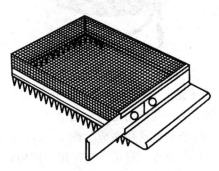

图7-5　蜂王诱入器（仿陈盛禄）

**4. 喷烟器**

用于对蜂群喷烟。为一个带皮囊和喷嘴的铁筒（图7-6），使用时在铁筒里加进谷糠、烂布、碎纸等可发烟的物质，点燃后开合皮囊鼓风，即可喷出烟来。

**5. 蜂帽**

养蜂者用来防避蜜蜂针蜇的工具。由面网和

图7-6　喷烟器

帽子组成（图7-7），面网前面用黑纱织成，后面连接一块通风透气的布，帽子可用草帽或其他帽子。

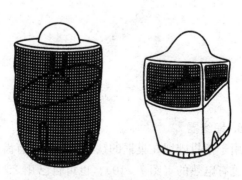

图7-7　蜂帽（仿张中印）

### 6. 起刮刀

是一把呈 L 型的铁片刀，两端宽，中间窄，一端有 10 毫米呈直角折起，用于检查蜂群时撬开被蜂蜡粘住的巢框和铲除赘皮等（图7-8）。

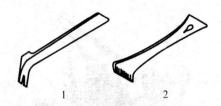

图 7-8 起刮刀（仿张中印）

1. 普通起刮刀 2. 三用起刮刀

### 7. 割蜜刀

收蜜时用来割开蜜脾上的封盖，用长 250 毫米以上的薄口水果刀即可（图 7-9）。

图 7-9 割蜜刀

### 8. 埋线器

用于把巢础埋在巢框的铁丝上，市售有齿轮式的，也有电热的（图 7-10）。也可自己用 25 瓦的电烙铁，在烙铁头上锉一小沟即成。最简单的可用一长约 150 毫米、粗 3～4 毫米的铁条，一头 30 毫米长弯曲成 60°角，末端纵锉一小沟，另一端上一木柄即成，使用时，将弯头置于炭火中加热到适宜温度。

 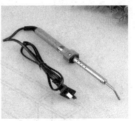

滚轮埋线器　　　　　　　电热埋线器

图 7 - 10　埋线器

**9. 蜂刷**

用白色鬃毛做成的刷子，用于刷落巢脾上的蜜蜂（图 7 - 11）。蜂刷的毛要求浓密而柔软，在使用过程中要经常清洗。

图 7 - 11　蜂　刷

**10. 饲喂器**

用于给蜂群饲喂糖浆。饲喂器的样式有很多种，有巢框式（样子像巢框，无顶盖的木盒）、盒式、瓶式等（图 7 - 12），在广东省多用盆、碗等容器代替。

**11. 育王工具**

饲养中蜂使用的育王器具一般有移虫针、育王框、蜡盏、囚王笼等。

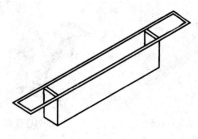

图 7-12 饲喂器

（1）移虫针 移虫针用于育王时移动幼虫，我国使用的为弹性移虫针（图 7-13）。具有移虫速度快，伤虫率低的特点，深受世界养蜂者喜爱。

（2）育王框 采用杉木制成，宽和高与巢框相同，厚 15～18 毫米，框内有 3 条台基条供粘着蜡盏（图 7-14）。台基条通常设计成可拆的，以方便移虫或割取王台。

使用时把人工台基粘在台基条上，供移虫育王。通常每条台基条安装 7～10 个台基。

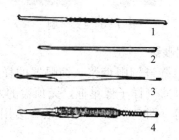

图 7-13 几种类型的移虫针
1. 金属移虫针 2. 牛角片移虫针
3. 鹅毛管移虫针 4. 弹性移虫针

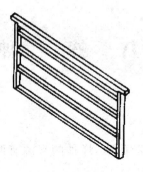

图 7-14　育王框

　　（3）蜡盏　模仿自然王台，人工制作的人造台基。用蜡盏棒蘸取溶化的蜂蜡，冷却后形成。蜡盏棒的规格为：端部半球形，直径 8~9 毫米，距端部 10 毫米处，直径 9~10 毫米。蘸制台基时，事先把蘸蜡棒置于清水中浸泡半天，然后提出甩去水滴，垂直插入温度为 70 ℃的蜡液中，提起，连蘸3~4 次；首次插入深度为 10 毫米，此后逐次减少0.5~1 毫米，形成底厚口薄的蜡盏。蘸好后连棒放入冷水中冷却片刻，即可脱下蘸制的蜡盏。

# 八、蜂　　种

　　对于初养蜂者，蜂种的来源有两个，一是购买，二是收捕。

　　刚开始从事养蜂时，应从饲养少数蜂群开始，先购买若干群种蜂来饲养，一方面积累经验，一方面通过自己繁殖，逐渐增加蜂群数量。购买蜜蜂时，要向有选育蜂王条件的蜂场购买。要求育出来的蜂王能维持五脾蜂以上的群势，最好购买刚交尾的健康新蜂王，标志是蜂王体大足粗、腹部长而膨胀、全身绒毛明显、无伤残、行动自如、产卵迅速而不惊慌。群势要三脾蜂以上，蜂脾相称（蜜蜂刚好布满巢脾，叫蜂脾相称），低温季节要求蜂多于脾（蜜蜂除布满巢脾两面外还有多余，叫蜂多于脾）。巢脾要求颜色较浅，表面平整，高度接近巢框，无蜜蜂咬的洞，无病虫害。有较多的蜜蜂幼虫和封盖子存在，封盖子的封盖要整齐连片。巢脾上要有粉有蜜，这样的蜂群比较容易饲养成功。巢框要求紧密牢固，规格一致。购买蜂种最好是在外界有较多蜜粉源植物开花、气候比较稳定的季节，广东省宜在上半年的 3～5 月，下半年的 10～11 月，这时养蜂比较容易。

由于各地中蜂为了适应当地的生态条件，形成了特有的生物学特性和许多适应当地特殊环境的类型，可分为北方中蜂、华南中蜂、华中中蜂、云贵高原中蜂、长白山中蜂、海南中蜂、阿坝中蜂、滇南中蜂和西藏中蜂 9 个类型。在购买蜂种时严禁从不同类型产区引进中蜂种，只能购买当地的中蜂类型。

对有经验的养蜂者，可以通过收捕蜜蜂来获得蜂种。收捕蜜蜂是在分蜂季节用诱捕箱从野外诱捕分群出来的蜜蜂，经一个阶段的饲养，再过箱到有活式巢框的蜂箱里；或在野外收捕野生的蜂群，进行饲养。有关蜜蜂的收捕和过箱，将在后面用专篇介绍。有了工具和蜂种后，就可进行养蜂了。

# 九、 中蜂的基本管理技术

中蜂的基本管理技术，是指养蜂者对蜂群管理时一些必须掌握的操作技术，现介绍如下。

## (一) 放蜂场地的选择和蜂群的排列

### 1. 放蜂场地的选择

放蜂场地，是指蜂场摆放的场地和其周围各种自然条件。放蜂场地的状况，直接影响蜂群的生存、繁殖和蜂产品的生产。理想的放蜂场地，应具备蜜粉源植物丰富、气候适宜、面积广阔、生活和交通方便等条件。

蜜粉源植物是蜜蜂赖以生存的首要条件，是蜂产品生产的基础。对于一个定地饲养的蜂场来说，蜂场附近全年都要有蜜粉源植物开花，其中应有大面积的主要蜜粉源植物（如果树等），以便养蜂者能收获到蜂产品；另外还要有多种多样花期相接的辅助蜜粉源植物（如各种野花等），以便于蜂群的繁殖。对于转地饲养的蜂场来说，除有主要蜜粉源植物外，在主要蜜粉源植物开花前后，也应有一定数量的辅助蜜粉源植物。要注意蜂场附近不能存在有毒的植物，或需常施用杀虫剂等农药的农作物。

蜂场附近应有小沟或小河流，以方便蜜蜂采水，但要远离大面积的水库或湖泊，否则刮大风时会把飞行中的蜜蜂吹落水面而溺死，造成损失。

场地周围的气候特点影响蜜蜂的飞翔和每天出勤的长短，同时也影响蜜粉源植物的生长。一般来说，蜂场应地势干爽、有自然的风障和稀疏的林木。但不宜选在密林中，如树林太密，可把蜂群摆在林边第一排和第二排树之间，以保持良好的飞行线路和通风透气。在山区，可利用山坡作梯田状排列。在气温较高的季节，应把蜂箱摆在阴凉通风的地方，避免烈日暴晒。在温度低的季节，要注意把蜂箱摆在背风向阳的地方，在山区可摆在朝南背北、9～16 时能晒到太阳光的地方。在暴雨季节，要注意防止山洪冲走蜂箱，造成损失。

摆蜂的场地还要求宽阔，才有利于蜜蜂的飞翔。为了方便养蜂者的工作，同时要求摆蜂场地交通要便利，具备一定的生活条件等。此外，蜂场要尽量远离人群聚集区、工厂和铁路等地方，尤其对有毒的化工厂更要远离，对一些以糖为原料的工厂，也不要靠近。蜂场和蜂场之间最好相距 2～3 千米。

**2. 蜂群的排列**

中蜂蜂群的排列，一定要注意蜂箱间的距离不要太近，以防止蜜蜂进错巢，引致被围杀。蜂箱前后左右的距离最好保持在 3 米以上（图 9-1），尽量使巢门朝不同的方向，对交尾群（等候交尾的处女王），最好摆在蜂场的边缘，同时尽量摆在一些目标明显的地方（如单独的大树下等）。为保持蜂箱底部的干燥，蜂箱应用支架（如木棍、竹片等）

承托，支离地面40厘米以上（图9-2、图9-3、图9-4）。为使雨水不至于在蜂箱积聚和便于工蜂清理蜂箱，蜂箱应稍为前低后高，但左右要保持平衡。对于定点饲养的蜂场，为防止地面的敌害（如白蚁和蚂蚁等），可在支撑架上涂上一层凡士林，或捆上一层滑润油浸泡过的纱布。蜂箱周围的杂草要铲除，并避开人行道等。

图9-1　蜂群的排列

图9-2　适于转地饲养的支撑架

图9-3 定地饲养用啤酒瓶做的支撑架

图9-4 定地饲养用水泥棍做的支撑架

## （二）蜂箱中巢脾的摆放方法

在广东省，中蜂的群势无法达到加继箱饲养，因此巢脾放置于主蜂箱中。一般巢脾摆放于蜂箱的一边，巢脾与蜂箱的空间用一块隔蜂板隔开，以后随着蜂群的不断壮大，巢脾数越来越多，隔板逐渐向外移，到巢脾充满蜂箱后，就不用隔板。

巢脾与巢脾之间、巢脾与蜂箱壁之间，需要保持一定的距离，这个距离在养蜂学上叫蜂路。蜂路是蜜蜂在蜂巢内的通道，它可使蜜蜂在蜂巢内通行无阻，便利工作，同时也有利于空气交流和维持较稳定的温度。

蜂路的大小要根据蜜蜂的习性和不同时期的要求来决定。蜂路太大，不利于蜂巢保温，且易引起蜜蜂筑造赘脾，增加养蜂者检查蜂群提脾时的麻烦。蜂路太小，不利于蜜蜂的活动，也会造成检查蜂群时容易压伤蜜蜂。一般单蜂路（巢脾与蜂箱壁、隔板之间的距离）为 4～6 毫米；双蜂路（巢脾与巢脾之间的距离）以 8～10 毫米为宜。当外界气温较低时，蜂路可调节小一点，例如在冬季繁殖时期，单边蜂路可以调节为 4 毫米，双边蜂路可调节为 8 毫米左右。在高温季节，或大流蜜期，或产生分蜂热的蜂群，可把蜂路调宽一点，单边蜂路可调为 6 毫米，双边蜂路可调为 10 毫米或 10 毫米以上。

巢脾的摆放，要符合蜜蜂生物学的要求。一般子脾放在中间（子脾面积最大的巢脾放在最中间，子脾面积较小的放在两边，使子脾形成一个球状体），粉脾放在子脾两侧，蜜脾放在外侧。

## （三）蜂群的检查

为了解蜂箱内蜜蜂的变化情况，必须对蜂群进行一些必要的检查。由于蜜蜂喜安静，怕干扰，尤其是中蜂，开箱太频繁或开箱时间太长，都会引致蜜蜂情绪暴烈，发生蜇人现象，且会引起巢温变化太大，造成蜜蜂为调整巢温而消耗大量的饲料，也不利于蜜蜂的繁殖，甚至引起病害的发生。对于初学养蜂者，常常存在一种急于了解蜂群内部变化情况的心态，几乎每天都想开箱检查蜂群，这种心理对蜂群的安定和繁殖是不利的，应加以克服。因此，对蜂群的检查，要有目的、有针对性地进行，应以箱外观察进行为主，尽量减少开箱次数。

**1. 箱外观察**

箱外观察是养蜂者了解蜂群内情况变化最常用的方法之一，通过箱外观察，往往有如下的作用。

（1）观察飞翔情况　如观察单位时间内出勤的蜜蜂只数、带有花粉蜜蜂的只数、回巢蜜蜂腹部的饱胀程度，从而判别蜂群群势的强弱、繁殖情况和外界蜜源植物的开花情况。当外界有蜜粉源植物开花时，如蜜蜂出勤频繁，说明群势较强；蜜蜂采集花粉多，说明蜂群中有较多数量的幼虫，繁殖较好；回巢工蜂腹部较饱胀，说明外界蜜粉源植物开花较好。

（2）观察巢门口蜜蜂活动情况　如果发现蜜蜂拖出死幼虫，说明有病害发生；如果巢门口蜜蜂扇风强烈，傍晚时有部分蜜蜂不愿进巢，在巢门口聚集成堆，说明巢内蜜蜂拥挤、通风不良、巢内温度太高；当外界蜜粉源条件较好，蜂场中大部分蜜蜂出勤积极，但有个别蜂群的蜜蜂却很少外出采集、工作疲怠、在巢门口形成"胡子蜂"，有可能是分蜂的预兆；如果巢门口有一些老年工蜂转来转去、慌慌张张，守卫蜂则处于高度紧张状态，有可能发生盗蜂；如果进出蜂巢的工蜂身上绒毛密布，说明蜂群中青壮年工蜂多；如果进出的工蜂身上油亮发光，说明蜂群中老年蜂多。

（3）观察巢门口地面及蜂箱周围情况　如果巢门口地面有死蜂，死蜂的吻外伸，可能发生农药中毒；如果蜂箱四周有些小颗粒的动物粪便，含有未消化的蜜蜂残肢，有可能是蟾蜍为害。

一般通过箱外观察，大致上对蜂箱内的蜂群现状有了一定的了解。有必要时，才进一步开箱检查。

**2. 开箱检查**

开箱检查，就是打开蜂箱，提出巢脾，进行观察，可准确地了解蜂群内的各种基本情况，以便及时采取适当的管理措施。开箱检查或多或少会影响蜂群的正常活动，因此应该做到开箱目的明确，切忌盲目、过多地开箱，且每次开箱应尽量缩短时间。

开箱检查应在有较好的气候条件时进行，如早春应在气温 14 ℃以上、天气晴朗时进行，炎夏必须避免在炎热的中午进行，否则会引起蜜蜂情绪凶暴猛烈螫人。养蜂者还要注意身上保持干净，无异味，尽量穿浅色衣服，戴好蜂帽，并要携带喷烟器、起刮刀等，这样才能保证检查顺利地进行。此外，还要注意避开工蜂出勤高峰期对蜂群进行检查。检查时，人一定要站在蜂箱的侧边，不要站在巢门口。

对蜂群的检查目的不同，开箱检查可分为局部检查和全面检查。

（1）局部检查　就是根据检查的目的，从蜂群中抽出一至几张巢脾进行检查。如观察边脾，可以了解饲料贮存情况。如果边脾两上角无贮蜜，说明饲料不足；如果整张边脾都没有糖，说明蜂群严重缺乏饲料。观察中间的巢脾，可以了解蜂王产卵和蜂群繁殖情况。如果中间巢脾上不见蜂王，但可见有卵和低龄幼虫，工蜂情绪稳定，则说明蜂王存在；如果中间巢脾上没有卵，说明蜂王已失或内外条件不利于蜂群的繁殖；如果巢房中的卵无规则、东倒西歪、一个房眼中出现多粒卵等，说明蜂王失去较长时间，已发生工蜂产卵现象；如果巢脾上的幼虫日龄参差不齐，或有烂子现象，说明蜂群发病；如果巢脾上有工蜂咬的洞和白头蛹，说明有巢虫为害；如果幼虫封盖整齐、未封盖幼虫饱满有光泽，则说明蜂群正常。如果边脾上蜜蜂稀疏，则为蜂少于脾，应抽出多余的巢脾。

局部检查是养蜂者常用的检查方法，初学养蜂者可多用局部检查的方法。

（2）全面检查　就是对每张巢脾都进行检查。其内容与局部检查基本相同，但应在需要全面了解情况时才采取。由于全面检查是对每张巢脾的基本情况都进行观察，因此对巢脾的取舍和了解是否有王台存在等往往用这种方法。

开箱检查巢脾，要注意观察巢脾的完整性。如果上框梁有赘脾、巢脾的下边角已被蜜蜂补满、封盖子整齐，这时蜂群内部已具备加脾的条件。如果巢脾缺糖断子，蜂群就有逃跑的可能，要及时采取措施进行处理。

开箱检查时，应先把蜂路的距离适当加大，再提脾；可先提最里面的巢脾，进行检查，然后依次向外。

提脾时动作要轻稳，不要惊慌抖动，不要挤压到蜜蜂。提脾的动作，每个养蜂者都应熟练掌握，提脾时，用左右手的拇指、食指和中指，分别抓紧巢框的两个框耳，垂直提起，看完一面后，右手向上提，竖起巢脾，然后翻转 180°，再把右手往下压，左手向上推，就可保持巢脾框梁水平，底梁向上，这样就可看到另一面。看完后，按原来相反的方向翻转过去，轻轻放回箱里，再看下一张脾。检查完后要把蜂路调整好。有时也要把巢脾进行一些必要的调整，把卵虫脾放在中间，两侧依次是封盖子、粉蜜脾，最后放好隔板，盖上蜂箱盖。

在检查过程中，还要注意对蜂群进行一些处理，如抽出多余的巢脾、随手去掉赘脾、割除不需要的王台和雄蜂蛹等，同时要做好蜂箱中的卫生清洁工作。

在检查时，如碰到蜜蜂发恶螫人，应保持镇定，切不可丢脾和拍打蜜蜂，应立即把巢脾放回蜂箱中，盖上箱盖，停止检查，等蜂群安静后，再调整好巢脾。

检查完毕，要认真对蜂群的情况进行记录。

### 3. 蜂螫的预防和处理

蜜蜂不会无故螫人，只有在受到不良刺激时，才会用其尾部的螫针螫人和其他动物，蜜蜂螫人后，螫针连同毒腺和腹部末节一起断掉，它自己也很快死亡，因此蜜蜂是为了自卫才不得不螫人。

对刚开始学养蜂的人，经蜜蜂螫后，一见蜜蜂心里就发怵。其实只要了解蜂螫的原因，采取一些必要的措施，就能预防和减少蜂螫。

蜜蜂讨厌黑色、毛发和绒毛，汗臭、葱、蒜、酒、香水和香皂等带有强烈刺激性的气味易激怒蜜蜂，因此养蜂者要注意自身的清洁卫生，要经常洗头、洗澡、换衣服，检查蜂群时，不要穿着深色和毛织品的外衣，尽量不要吃有刺激性气味的食物。检查蜂群时，要戴好蜂帽，对初学养蜂者，最好还要把衬衫袖口和裤脚扎紧。

在不良的天气下，如阴雨、闷热、气温太高或太低等，蜜蜂受到干扰最易发生螫人，因此应尽量避免在这种不良的天气条件下开箱检查蜂群。

对缺蜜的蜂群、失王太长时间的蜂群、老蜂太多的蜂群、病害严重的蜂群和经常受干扰（如震动、烟熏、发生盗蜂、受胡蜂等天敌为害）的蜂群，也容易产生螫人情绪，因此对这类蜂群的检查要格外小心。

如果有一只蜜蜂受到外力挤压致死，临死前会放出一种"告警"激素，使蜂群处于高度紧张状态，此时的蜜蜂情绪暴烈，极易螫人。因此，在检查蜜蜂时，尽量不要压死或压伤蜜蜂。蜜蜂螫人后，也会在被螫的部位上留下气味，其他蜜蜂会循着气味，追击被螫者。

蜜蜂螫人后，因其螫针有倒钩，会连同毒腺和腹部末节一起断留在人体上，与螫针连接的肌肉还会产生收缩，使螫针毒腺中的毒液像打针一样，注射进入人体内。因此，发生被螫后，应立即用指甲刮去螫针，然后用清水冲洗干净，有条件时可用肥皂水清洗干净，然后再继续操作。

在检查蜂群时，碰到蜜蜂发怒，人被蜂螫，应忍痛保持冷静，把巢脾轻轻放回去，而不应丢脾逃跑，这样会引起蜜蜂围追攻击。如果遇到蜜蜂在头上周围盘旋示威，应低头闭眼，或就地蹲下，一般情况下，蜜蜂转了一阵后就会飞走。也可低头从比人低的树丛中穿过，蜜蜂就会找不到目标而飞走。

对刚学养蜂的人，被蜂螫后，开始会产生疼痛，继而被螫处产生肿胀，严重的会发烧。对反应较轻的，一般在 72 小时后症状就会消失。因为蜂毒对人体的多种疾病有治疗作用，被蜂螫后一般可不做治疗，但为了减少疼痛，可在被螫后于被螫处用氨水或其他碱性液体清洗。对过敏反应严重者，可口服抗过敏药物，必要时应去看医生。

对于养蜂者来说，被蜂螫是家常便饭，蜂螫的次数多了，体内就会产生抗性，被蜂螫后的反应就很轻微，因此只要操作时多加小心，被螫后处理得当，蜂螫是不可怕的。

## （四）加脾和人工饲喂

### 1. 加脾

巢脾是蜜蜂栖息、繁殖后代和贮存食物的场所。在蜜蜂繁殖时期，如果巢脾不够，就会限制蜂王产卵，影响蜂群的增长，还会加速分蜂热的产生；在大流蜜期，如果巢脾不够，缺乏贮蜜的地方，就会影响蜂蜜的产量。因此，蜜蜂繁殖到一定程度就要加脾，以满足蜂群扩大的需要。此外，由于中蜂具有喜新脾厌旧脾的习惯，所以往往要从蜂群中抽取旧脾换上新脾，一般一年要换脾1～2次，以利于蜜蜂的繁殖；为了防止病虫危害，也有必要把旧脾抽掉，换上新脾。以上这些，都要往蜂群里加进巢础，让蜜蜂筑造新脾。

（1）加脾的条件　加脾需要一定的内部条件和外部条件，如果条件不具备，强行加脾会适得其反，蜜蜂不但不造脾，而且还会影响蜜蜂对蜂巢温度的调节。一些初学养蜂者，为了急于扩大蜂群，往往在蜂群无加脾条件时也要加脾，这对蜂群不但无益反而有害，很容易引起病害的发生，应加以注意。

加脾的外部条件是外界有大量的蜜粉源植物开花，气候良好；内部条件是蜂巢中蜂多于脾，尚未产生分蜂热，并且有大量8～18日龄的青年工蜂，巢脾上的幼虫已封盖或接近封盖，边脾的两下角已被蜜蜂补齐，框梁的上方出现赘脾，无病害，这样的条件就可以加脾。

　（2）加脾的方法　首先要做好巢础框（图 9-5）。可在巢框内横拉三条 25 号或 23 号的铁丝（现在大多数养蜂员采用 0.5～0.6 毫米的不锈钢丝），把巢础切成长与巢框内围相同，高比巢框少 10 毫米左右，两下角可切去边长 20 毫米的三角形。把巢础放在巢框里的铁丝下面，紧贴巢框的上梁，用加热的埋线器放在铁丝的上面，往下轻压并慢慢拉动，把巢框的铁线埋到巢础里。埋线器如用电烙铁改装的，可通电加热；如用其他材料做的，可用火烧加热，但加热温度要适当，否则会造成巢础被熔穿。埋好线后，用熔化的蜂蜡把巢础的上边跟巢框的上梁粘紧。巢础框做好后应平整、牢固。

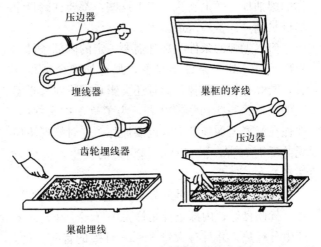

图 9-5　巢础框的制作（仿戴自荣）

　在傍晚，把上好巢础的巢础框加进蜂群里，一般一次加一张，当蜂群只有两张脾时，插于巢脾的中间（图9-6）。当蜂群中有三张巢脾以上时，将靠隔板的两张巢脾移开，将巢础框加入其中（图9-7）。

第一个晚上一般不留蜂路（与相邻的两张巢脾紧贴），第二天可视蜜蜂造脾情况适当加大蜂路，等蜜蜂把新加的巢脾基本造好后，才恢复正常蜂路。在加脾的第一个晚上可适当喂点糖水，以刺激蜜蜂造脾积极性，加快造脾速度。如果蜜蜂造脾较差，第二、第三个晚上还要适当再喂点糖水奖励。如内外条件比较好，新加的巢础经过一个晚上往往可造好 60% 以上，甚至全部造好。如能在 2～3 个晚上造好，也算正常。在造好一张脾后，蜂王很快就会在上面产卵。如条件很好，在第一张脾造好后，可再加第二、第三张脾。

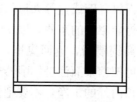

图9-6 巢础框摆放示意图之一

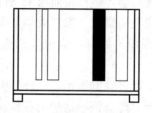

图9-7 巢础框摆放示意图之二

**2. 人工饲喂**

蜂群的人工饲喂，可分为救助饲喂和奖励饲喂。当外界缺乏蜜粉源植物开花，蜂群内严重缺乏饲料，这时给蜂群喂糖浆等，叫救助饲喂，也称补充饲喂。有时为刺激蜂群采集和造脾的积极性或提高蜂王产卵的积极性，加速蜂群的繁殖，也要对蜂群喂以糖浆，叫奖励饲喂。

救助饲喂可用浓度较高的糖浆，一般白砂糖与水的比例为 1.5～2：1。奖励饲喂用的糖浆可稀一点，白砂糖与水的比例可为 1：1。方法是将白砂糖放于水中充分煮溶，冷却后饲喂，冬天气温低时，糖浆温度可在 20～30 ℃时饲喂。救助饲喂每次的量可以多一点，但应以当晚蜂群能吃完为度；奖励饲喂只要少量即可。饲喂时，可在蜂箱保温板外紧挨着保温板放置碗或盆等大口的容器，容器里要放一些树枝等能漂浮的东西，以使蜜蜂在吸饱糖浆后能顺利爬离饲喂器，返回巢里，免致被淹死。有饲喂器的，可把糖浆灌注进饲喂器里喂。喂蜂时要注意保持箱内外的干净，不要把糖水洒在蜂箱或者地上，以免引起盗蜂。喂蜂应在近傍晚时进行，蜜蜂取食后会产生兴奋而出来飞行，应保证在天黑前蜜蜂能飞回巢里。第二天早上要注意蜂场是否发生盗蜂现象，如有，应采取相应的措施给予处理。

有时为了促进蜂群繁殖，在外界蜜粉源植物开花较少时，要对蜂群饲喂适量的花粉或花粉替代品（中蜂最好用蜂花粉，用代用花粉效果不好，只在应急时使用）。可把花粉先用少量水浸泡，再加蜂蜜搅拌，做成软膏状，于傍晚时涂在框梁的上方，让蜜蜂取食。如用酵母片，把酵母片先粉碎，再加上蜂蜜搅拌均匀即可。

在炎热季节，如果外界缺乏适合蜜蜂取水的地方，要给蜜蜂喂水。可在一浅底盘中放上一些高出盘面的石头，盘里加上干净的水，把盘放在蜂场附近，让蜜蜂自由取水。在早春，可在水中加进微量（0.3%～0.5%）的食盐，以便给蜂群补充矿质元素。

## （五）蜂群的合并和人工分蜂

### 1. 蜂群的合并

把两群或两群以上的蜜蜂合并为一群，叫蜂群的合并。

在养蜂生产上，饲养强群是夺取高产、稳产的保证，对于中蜂来说，饲养强群更为重要。因此，往往要把弱群、失王后又没有蜂王及时补充的蜂群进行合并。

蜜蜂是各自为群的昆虫，不同的群体具有不同的气味，蜜蜂借助灵敏的嗅觉辨别出本群成员和他群成员。如果蜜蜂误入他群，往往会被他群的工蜂围杀致死。但在外界蜜源植物开花盛期，群体的特征性气味会相对减弱。因此，要使蜂群合并成功，就要根据上述特性采取适当的措施进行。

中蜂合并的原则是弱群合并到强群、无王群合并到有王群和就近合并。如果需要合并的两群蜜蜂距离超过 150 厘米，要通过逐日移近（每天不超过

50厘米）的方法，靠近后再合并。

合并的方法有直接合并和间接合并，可视具体情况运用。

直接合并法适于外界有蜜源植物开花时蜂群的合并。方法是把要合并到别箱去的蜂群（为无王群）提前半天把巢脾移到蜂箱的中间，使蜜蜂全部聚集在巢脾上，而不附在蜂箱壁上，晚上在蜜蜂全部回巢后，连脾带蜂移到要合并的那一群（如有王群）去，放在隔板外，使两群蜂的巢脾距离为5～10厘米，最好在巢脾上盖薄膜纸，经过一个晚上，两群蜂的气味就相同，第二天把隔板抽出放到巢脾的外侧，把两群蜂的巢脾互相靠近，当两群蜂靠近时和平共处，说明合并成功，如果靠近时发生互相围杀，说明合并失败，应立即把它们重新分开。在合并时，提放脾的动作要轻稳，不要惊动无王群的蜜蜂，否则会导致失败。

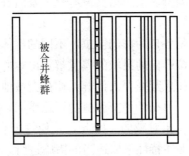

图9-8　间接合并示意图

要合并的两群蜂，其中一群必须是无王群，若两群都有王，合并前半天要把较差的蜂王去掉，然后才进行合并。合并后要注意检查巢脾上有无急造王台或自然王台产生，如有，应查找产生的原因，是否为蜂群失王或原来蜂群中就有王台存在，如果蜂群中有蜂王，应把出现的王台毁掉。合并时如能喷一些稀糖水在两群蜂上，合并的成功性更大。合并完的蜂群，摆在原来两群蜂的中间。

要注意的是中蜂的直接合并与西方蜜蜂不同，不能直接将两群蜜蜂合并在一起。

间接合并适用于非流蜜期、失王太长时间和蜂群内老蜂多的蜂群合并。方法跟直接合并基本相同，不同的是在两群蜂放在同一个蜂箱后，在它们中间用铁纱隔开，两三天后才合并（图9-8）。

**2. 人工分蜂**

人工分蜂是把一群蜜蜂人为地分为两群。人工分蜂是增加蜂群数常用的方法，为有计划增殖蜂群的方式，可避免自然分蜂带来的管理不便。

最常用的分蜂方法是单群平分法，就是在繁殖季节把原来强大的蜂群按等量的蜜蜂和巢脾分成两群。具体的做法是：把一个空蜂箱平行地放在原群旁边，巢门同向，以原巢为中点，两箱各搬离距离约50厘米左右，从原群中抽出一半的巢脾连蜂带王放进空箱，原箱诱进一只产卵王或处女王，或成熟的王台，组成新群。如诱入的是处女王或王台，最好在蜂箱巢门前贴上黑色或蓝色标志，以帮助处女王试飞或交尾回巢时不会进错他群。分群后的第二天，如果出现蜜蜂向一个蜂箱偏集的现象，可通过移动蜂箱的方法来调整蜂量，将进蜂多的一群向外移出一些，将进蜂少的一群稍为向中间靠近。如果处女王交尾失败，可以将两群蜂重新合并，放回原来的位置。

### （六）蜂王的诱入和围王的解救

如果要淘汰蜂群中的老、弱、残、劣蜂王和蜂群意外失王时，都必须向蜂群中诱入优良的蜂王，因此必须掌握安全诱入蜂王的方法，如果不顾蜂群的内外条件，采取的措施不当，往往会发生工蜂围杀刚介绍进蜂群里的蜂王。

诱入蜂王（也叫介绍蜂王）与蜂群合并的要求基本相同，都是使诱入的蜂王跟接受群的气味相同。由于中蜂的嗅觉特别灵敏，所以中蜂除处女王采用直接诱入外，一般都采取间接诱入法诱入蜂王。在诱入蜂王时要做好一些准备工作，如给蜂群更换蜂王，要提前半天到一天，将要淘汰的蜂王从蜂群捉出；若给无王群诱入蜂王时，最好在蜂群失王后三天内进行较易成功。蜂王诱入前，要把巢脾上所有的王台毁掉；若给强群诱入蜂王时，最好把蜂群迁出原址，使部分老蜂从蜂群中分离出去；在断蜜期诱入蜂王，应提前两三天用糖浆对蜂群进行连续补充饲喂。

诱入蜂王也可分为直接诱入和间接诱入。

直接诱入法只适于大流蜜蜂期时蜂王的诱入，其做法就是把蜂王直接放到无王群里，放进后要注意观察，如果出现工蜂围杀蜂王现象，要及时对蜂王进行解救，改用间接诱入法。如果工蜂对蜂王无敌意，那么诱入就成功。

间接诱入法就是把蜂王关在诱王器里，挂扣在巢脾未封盖的蜜脾上，经过一到两天，蜂王与介绍进蜂群的工蜂气味就相同，此时可见外面工蜂在给诱王器里的蜂王饲喂，就可把蜂王放出来。在蜂王诱入器里可同时关进七八只蜂王原群的幼龄工蜂，成功率会更高。对于从外地引进的优质蜂王，一定要用间接法诱入进蜂群。

诱入的蜂王放进蜂群或从王笼里放出来后，如果发生十几只或数十只工蜂把蜂王围在中间，形成蜂球，时间长了会把蜂王困死，说明接受群的工蜂不接受诱入的蜂王，应迅速解救。可往蜂球喷洒糖水或用烟驱赶工蜂，或者用手将蜂球轻轻投入温水中，工蜂会因受惊而飞走，然后把蜂王收回来，如果蜂王已经受伤，则应舍弃；如肢体无损，行动敏捷，可再关到诱王器里，罩到其他群的蜜脾上，过一两天后再把蜂王罩在原接受群中。

为了保证蜂王介绍成功，宜采用间接介绍法。

## （七）工蜂产卵的处理

工蜂是生殖器官发育不完全的雌性个体，当蜂群中有蜂王存在时，工蜂受到蜂王物质的控制，其生殖器官发育受到抑制，不会产卵。如果蜂群失去蜂王的时间太长，蜂群中没有蜂王物质存在，有少量工蜂的生殖器官就会开始发育，并能产下卵，这些卵都是未受精卵，以后都发育成为体格弱小的雄蜂，而雄蜂不会从事采集活动，最后必然导致蜂群灭亡。工蜂产卵这个特性在中蜂中表现十分强烈，如果失去蜂王，在一周内就会出现工蜂产卵的现象，而且在很短的时间内整群蜜蜂就完全丧失了生产力。因此，一旦发现工蜂产卵，一定要及时处理，才不会造成严重损失。

工蜂产卵的特征：在蜂群里找不到蜂王，巢脾上的卵很零乱，不规则，东倒西歪，一个巢房里往往有多粒卵存在（图9-9）。而正常蜂王产的卵，会在巢房上有规则地分布，每个巢房一个卵，卵竖粘在房眼的底部。

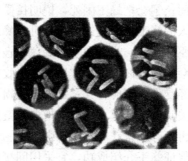

图9-9 工蜂在巢房产的卵

工蜂产卵的处理方法：如果出现在弱群，可与相邻的蜂群合并；如果出现在中等群势的蜂，可诱入一只蜂王，在诱入蜂王前先除去急造王台，然后调入一两张正常的卵和幼虫较多的子脾放在中间，可以降低工蜂对诱入蜂王的敌意。

对出现工蜂产卵的蜂群，处理得越早效果越好。如果出现工蜂产卵的时间太长，大部分工蜂又已衰老的蜂群，采用合并和诱入蜂王的方法都不容易成功，可用下面的方法处理：①给出现工蜂产卵的蜂群诱入一个正常的老熟王台作为交尾群。如无老熟的王台，或介绍的王台被工蜂咬毁，可在晚上把原箱移开1米左右，在原位置放一个空蜂箱，第二天让外勤蜂飞回原位的空箱。②给工蜂产卵的蜂群调进正常的巢脾。晚上在隔板外放一张从其他群抽出的连王带蜂的巢脾，第二天再把巢脾合在一起，这样诱入蜂王的成功性较大。还有一个方法，就是在晚上把工蜂产卵的蜂群，连蜂带脾从蜂箱里提出来，放在离蜂场几十米以外的树上过一个晚上，在原位放一个空蜂箱，第二天一早从其他群抽出一张有幼虫的子脾，放在箱里。那些产卵的工蜂因眷恋原巢脾，不肯回原位的蜂箱，其他工蜂则飞回去，然后再介绍蜂王或王台，也较易成功。被工蜂产过卵的巢脾要进行处理，才能重新放进蜂群里。对已封盖的雄蜂子脾可用割蜜刀割杀，并用摇蜜机把雄蜂蛹摇出，放在空箱里两三个晚上，让脾上的虫卵冻死，再放回蜂群里，让蜜蜂清理干净即可再用。

### （八）分蜂热的解除

分蜂热是蜜蜂在分蜂准备阶段出现的一些特征。当蜜蜂繁殖到一定程度时，就会产生自然分蜂（一群蜜蜂会自己一分为二），在分蜂产生的前期首先出现分蜂热。这时在巢脾的两下角出现了雄蜂房，蜂王在雄蜂房里产下了未受精卵，接着在巢脾的下缘出现王台，工蜂出勤减少。分蜂热多在大流蜜期即将到来和蜂群处于繁殖盛期产生，因此分蜂热一出现就会严重影响工蜂出勤，接着又产生分蜂，不利于形成强大的生产群，直接影响蜂蜜的产量。而且出现自然分蜂，又会增加管理上的麻烦。中蜂的分蜂性很强，很容易产生分蜂热，应视具体情况，采取措施，化被动为主动。

**1. 蜂群产生分蜂热的特征**

（1）初期特征　蜂群的群势达到中等以上，巢脾上有大量的幼虫，巢脾开始出现雄蜂房，蜂王在雄蜂房中产下未受精卵。此时蜂王产卵和工蜂采集的积极性都很高。

（2）中期特征　蜂群中的幼虫数量很多，且大部分为大幼虫或封盖的幼虫，雄蜂幼虫也已开始封盖，工蜂开始筑造王台，巢脾上的巢房多为蜜、粉、虫和蛹所占有，蜂王缺少产卵的巢房。此时如果外界条件适宜，蜂王就会在王台上产下受精卵。

（3）后期特征　幼虫的大多数已经封盖，王台也开始封盖。蜂群的群势进一步加强，出现大量的青壮年工蜂，蜂多于脾，有部分青壮年工蜂散布于蜂箱壁和隔板外，工蜂采集积极性下降，出现消极怠工现象。

**2. 解除分蜂热的方法**

在分蜂热产生的初、中期，可采用下列措施进行处理，到了后期，只可用人工分蜂的方法进行分蜂。

（1）用优质的处女王或新蜂王代替老王或劣质蜂王。所选用的蜂王，应从能维持强大群势的蜂群中选育。

（2）及时加进巢础框造新脾。有时由于蜂群加脾不及时，造成工蜂过度密集，也易产生分蜂热，故当蜂群有加脾条件时，要及时加进巢础框，让工蜂造新脾，使蜂王有足够的巢房产卵，防止和推迟分蜂热产生。

（3）抽出封盖子脾补充到弱群，再加进卵虫脾或新的巢础框，以加大工蜂的工作量，控制分蜂热产生。

（4）提早收蜜。在流蜜初期，对一些产生分蜂热苗头的蜂群，提早进行收蜜，能促进工蜂采集，维持蜂群正常的工作状态，收蜜时要注意同时割除雄蜂蛹和王台。

（5）分离幼年蜂合并到弱群。从原群中抽出一半不带王的巢脾，连蜂放到另一个空箱里，几小时后，外勤蜂飞回原巢，剩下的为刚羽化出房的幼年蜂，把这些幼年蜂带适量的巢脾加到弱群里去，既可抑制分蜂热，又可加强弱群。

（6）人为模仿分蜂。把巢内所有的王台都毁掉，在巢门前放一块板，然后把蜜蜂逐脾抽出抖在板上，让工蜂自己飞回蜂箱里去，经几次抖落和对箱内巢脾调整，可以消除分蜂热。

（7）蜂箱的体积要适中。有时由于蜂箱的体积太小，蜜蜂太密集，也很容易产生分蜂热，因此蜂箱的体积要适中。此外，要适当加大蜂路。

经上述方法处理后，仍无法解除分蜂热的话，就要进行人工分蜂，条件适宜时（如群势较大），可分成繁殖群（脾数较少）和生产群（脾数较多）。值得一提的是，对中蜂来说，单用去除王台的方法不能有效地解除分蜂热。

## （九）盗蜂的防止方法

盗蜂是指闯进别群巢内盗取贮蜜的蜜蜂。盗蜂多发生在外界缺乏蜜粉源植物开花的时候，其发生的原因很多，主要是巢里缺乏饲料和蜂群管理不善（如喂蜂时糖水洒在地上、蜂箱破烂、缝隙和巢门过大等）。盗蜂多发生在同一个蜂场邻近蜂群之间，两个蜂场距离太近时，有时也会发生场与场之间的互盗。盗蜂多数是缺蜜蜂群里的老年工蜂去盗防御能力较差的弱群、无王群、交尾群和病群等，严重时会发生整场蜂互盗的现象。

蜂场一旦发生盗蜂，其损失极为严重，轻则被盗的蜂群秩序紊乱，贮蜜被盗光，工蜂死亡，蜂王遭到围杀，有时引起飞逃，严重时整个蜂场的蜜蜂普遍受害，一片混乱，甚至引起多群蜜蜂集体飞逃，几群或几十群蜜蜂抱成一团，处理不好，全部毁灭。因此，防止盗蜂的发生，是蜂群管理上的一个重要措施，一定要掌握好。对蜂群严重缺乏食料的蜂场，当阴雨绵绵、久雨初晴时，最容易发生盗蜂，此时要高度注意。

### 1. 盗蜂的识别

盗蜂多为老年工蜂，其身体的绒毛脱落，油光发黑，常在被盗群蜂箱的缝隙和巢门口徘徊，举止慌张，并试图冲进被盗群的蜂箱里，常遭到被盗群工蜂的拦阻。盗蜂有机会进入被盗群后，从巢门出来时腹部饱胀。被盗群蜂箱周围常出现抱团厮杀的工蜂。为了准确判别盗蜂蜂群的位置，可在被盗群的巢门口撒上白色粉末（如面粉、滑石粉等），然后巡查各蜂群，发现工蜂身上有带白粉回巢的蜂群，就是盗蜂群。

**2. 盗蜂的预防和制止**

对于盗蜂应着重于预防，关键是常年饲养强群、保持充足的饲料、加强蜂群的管理等。在管理上，尽量减少开箱次数和时间；对无王群和弱群要及时进行合并；对缺乏食料的蜂群，要及时补充饲喂。喂蜂时，要注意先喂强群，后喂弱群，当晚饲喂当晚蜜蜂能吃完，不要随便让糖浆滴洒在蜂场周围。要经常填补蜂箱缝隙，抽出的巢脾要及时处理，不要乱丢。缺乏蜜粉源植物开花的季节，要注意缩小巢门。

盗蜂发生时要及时处理。盗蜂发生较轻微的，应把被盗蜂群的巢门缩小到仅能容一只蜂进出，同时涂一些有刺激性味道的物质，如煤油、樟脑油、氨水和石炭酸等进行驱赶。如此法无效，就要找出盗蜂群，把它搬到别的地方，原位放一个空箱，收集飞回来的蜜蜂。晚上给搬走的盗群喂足糖浆，第二天再把它放回原地。用于收集盗蜂的蜂箱，就放在原箱的上面，盗蜂就逐渐飞回原群。由于盗蜂失巢一个晚上，加上巢里饲料充足，往往盗蜂就停止。如果发生全场互盗时，所有的蜂群都要关小巢门，晚上给全场的蜂群都喂足糖浆，最好把蜂场搬迁到蜜源条件好的地方。

### （十）中蜂分蜂和飞逃的处理

**1. 蜜蜂的分蜂和飞逃**

蜂群繁殖到一定程度时，由老蜂王带领大约一半的工蜂离开原群，另觅合适的地方筑新巢，这个现象叫分蜂。分蜂是蜜蜂增加群体数量的特性，对蜜蜂群体的繁衍具有重要的意义。中蜂的分蜂性很强，分蜂多发生在繁殖高峰期和大流蜜期前。

蜜蜂除了分蜂飞迁外，碰到不良的环境，也极易发生飞逃，这个特点在中蜂表现更为明显。不良环境包括断蜜断子、遭受病虫敌害侵袭、巢内贮蜜严重被盗、连续强烈震动、有毒物品和强烈的刺激性气味或浓烟的刺激、炎热高温、过箱不当和人为干扰等，都会引起蜜蜂发生飞逃。这种现象在全年都可发生，但以外界缺少蜜粉源、病敌害严重的季节发生较多。蜜蜂一发生飞逃，除了会加大养蜂者的工作量外，也会造成一定的损失，因此在管理上要注意保持良好的条件，以防止飞逃的发生。

蜜蜂的分蜂和飞逃，多发生在晴暖无风的天气，从上午8时开始到下午4时以前都可发生。如果久雨初晴，一些断子断蜜的蜂群发生飞逃的可能性是很大的。

**2. 分蜂和飞逃的处理**

平时要加强蜂场的巡视，对出现分蜂热和有飞逃征兆的蜂群要及时查明原因，进行相应的处理（如立即对要分蜂的蜂群进行人工分蜂，对要飞逃的蜂群蜂王进行囚禁、调入有大量幼虫和贮蜜较多的巢脾、去掉刺激物等）。若蜜蜂已飞出蜂巢，且离地较低时，可向空中撒沙或喷水，迫使蜜蜂下降结团。一般分蜂的蜂群飞离巢后先在蜂场附近寻找合适的地点，如树干和屋檐等地方结团暂歇，等侦察蜂找到适合永久筑巢的地点后，才再一次迁飞。这个过程从几小时到几天不等，也有极少蜂群一飞出蜂箱就马上飞向新巢点。对于因环境不适合而飞逃的蜂群则不同，多数早已找到适合永久筑巢的地点，因此一出巢就迅速飞行，虽暂时在蜂场附近结团歇息，但停留时间很短，稍受外界刺激（如震动等），蜂团马上散开，飞向第二个地点。因此，对飞逃蜂团的收捕应倍加小心。

在分蜂的季节，蜂场中有可能产生分蜂的蜂群存在时，在每天可能发生分蜂的时间里，要加强对蜂场的巡视，一旦发生分蜂时，要及时跟踪，当蜂群停下结团时，应立即进行收捕。收捕蜜蜂常用的工具是收蜂器（也叫蜂笼），如现场没有收蜂器，可用草帽、纸箱等代替。使用时最好在收蜂器的外面蒙上一层黑纱布，并在其里面喷上一点糖水，以增加对蜜蜂的吸引力。收蜂笼的顶部要系一条绳子，用来缚于竹竿上或吊住蜂笼。

当飞离蜂箱的蜂群结团后，把收蜂器轻轻地罩在蜂团的上方，底部要接触到蜂团，然后利用蜜蜂向上的特性，用软帚、树叶、鹅毛或小草等在蜂团下部轻轻扫动，蜂团就慢慢向收蜂器里移动，等所有的蜜蜂进笼后，轻轻把收蜂器放下，放在蜂箱上面或吊在树上。操作过程要轻而稳，千万不要惊动蜂团，尤其是对逃跑的蜂群更要倍加小心，否则蜂团很容易散开。

蜂团收回后马上要进行处理，可在原群或其他群酌量抽出卵虫脾，放在空箱里，要注意脾上无蜂王和王台存在。对逃跑的蜂群，巢脾上一定要有数量较多的低日龄幼虫和充足的饲料。把蜂箱放在适当的位置（一般分飞和迁逃的蜜蜂对原巢的位置早已忘记），关上巢门，打开箱盖，调整好巢脾，把卵虫脾放在中间，蜜粉脾放在两侧，调整好蜂路，再把收蜂笼里的蜜蜂用腕力抖在蜂箱里，盖上箱盖。十分钟后打开箱盖，看看蜜蜂是否上脾，如果没有上脾，可用蜂帚或树叶等扫蜂上脾。如已上脾，就可打开巢门，蜜蜂开始清理死蜂等工作，这样就已成功。当晚适量喂点糖浆，以安定蜂群的情绪。

分蜂迁飞的蜜蜂，其造脾的能力特别强，可以在第一个晚上加进新的巢础，让蜂群造新脾。

发生分蜂的原群，必须进行检查，在巢脾的下缘选个大、端正的王台留下来，其他的要去掉（可介绍到无王群、人工分蜂群或毁掉）。对飞逃的蜂群，要找出原因，并采取有效的措施进行处理。

蜜蜂的分蜂迁飞和飞逃，对一个蜂场来说，在同一时间内只有少数的蜂群发生，但对于一些管理不善的蜂场，有时有可能多群蜜蜂同时发生飞逃，叫集体飞逃。对集体飞逃的蜂群，因相互之间的影响，可以出现多群蜜蜂集结在一起，形成一个大蜂团，这时出现工蜂互相厮杀、工蜂围王，如处理不及时，有可能工蜂和蜂王都全部死亡，造成重大的损失。

出现蜜蜂集体飞逃且集结成一个大蜂团时，应立即进行处理。原则是先解救蜂王，可找出蜂王分开关在王笼里，如果工蜂围王不散，可将围王的蜂团丢到水里，工蜂就会自行散开。然后取几个空箱，调进带有各龄幼虫的子脾和蜜脾，再向结团的工蜂喷水，用饭盆或水瓢随意把工蜂分成几份，放进已调进子脾和蜜脾的蜂箱里，再把已解救的蜂王连王笼一起放进蜂群里。如果工蜂仍互相厮杀，可再向蜂群喷射蜂蜜水，等蜂群安定后再把蜂王放出来。如果处理及时，方法得当，可收回一部分蜂群，减少损失。第二天要对收回来的蜂群进行检查，对出现的问题进行相应的处理。

## （十一）蜂蜜的收取

中蜂的主要产品是蜂蜜，因此在大流蜜期到来时，一定要取蜜。

### 1. 取蜜的基本原则

取蜜的基本原则是看蜜源、看蜂群、看天气、巧取蜜和取成熟蜜。在大流蜜期，取蜜一定要适时，太早收第一次蜜，离第二次收蜜的间隔时间太长，蜂群上蜜慢，蜂王会扩大产卵圈而相应缩小贮蜜区，影响产量；收蜜太迟，不能调动工蜂出勤的积极性，对群势强的蜂群容易出现分蜂热，也影响了蜂蜜的产量，因此取蜜一定要适时。在大流蜜期间，可把蜂路适当放宽到 12～15 毫米，这样既能提高产量，又能保证质量。

## 2. 取蜜时间

在大流蜜到来时，天气良好，蜂群出勤积极，蜜蜂回巢时腹部饱胀，有时需在巢门歇息片刻才爬进巢里。晚上全场蜂群扇风酿蜜，发出的"嗡嗡"声很响亮，巢脾贮蜜区已基本封盖，此时就可进行收蜜了。以后如贮蜜区封盖，就可再收一次蜜，一直到流蜜期将结束时为止。为保证蜂蜜的质量，每天取蜜最好在工蜂出勤高峰期之前，一般在早上进行。

## 3. 取蜜方法

取蜜前要准备好摇蜜机、割蜜刀、带滤网的漏斗、放封盖蜡的盆、巢脾架、蜂帚、蜂蜜专用桶（如塑料桶、铁桶等，严禁使用不符合食品卫生要求的包装桶）、喷烟器和干净的水、毛巾等。有关用具要先用清水洗干净，晾干。

打开蜂箱，用喷烟器往巢脾上喷几口烟或用口大力向巢脾吹气，蜜蜂马上骚动钻进巢里，提起巢脾把蜂抖在蜂箱里，抖蜂要用腕力，动作要轻而稳，要求抖两三下就把蜜蜂抖干净，尽量减少蜜蜂伤亡。具体操作是两手的大拇指和食指紧抓框耳，手腕自然放松，用腕力迅速上下抖动，蜜蜂就会抖落在蜂箱里，脾上有时会剩下少量的蜜蜂，可用口吹气吹落，也可用蜂帚扫落。提脾抖蜂时不能离蜂箱太高，以提高半个巢框高度为宜。抖蜂这个动作是养蜂者基本操作技术之一，每个养蜂者都要掌握好，平时可用空脾多加练习，熟练之后抖起蜂来就可得手应心了。

抖完蜂后，用割蜜刀割去蜜脾上的封盖蜡，可从子区边缘开始向贮蜜区割，务求薄而平，不伤害蜜蜂的封盖子。在割封盖蜡时，可顺手把巢脾和框梁上的赘脾割掉。把割了封盖的巢脾放在摇蜜机里摇出蜂蜜，摇完一面后再换一面。摇蜜时注意转速不要太快，否则会使大量的蜜蜂幼虫被甩出来，严重时还会造成巢脾破烂，尤其对新巢脾更要充分注意。摇完蜂蜜后的巢脾要及时放回巢里，子脾放在中间，蜜脾放在两边，并调整好蜂路。对有病群的蜂场，要先收无病群的蜂蜜，再收有病群的蜂蜜。收完病群的蜂蜜后，要把有关用具清洗干净。对病群的巢脾千万不要放进无病的蜂群里。

分离出来的蜂蜜经过滤后放在蜂蜜桶里，收蜜结束后，要把洒在地上的蜂蜜冲洗干净，以免引起盗蜂。同时，还要注意巡视蜂场，发现有不正常现象的蜂群要及时进行处理。第二天还要检查蜂群，看蜂王是否失去或受伤，如蜂王已失或受伤，也要及时诱入蜂王或换王。

在大流蜜期间，每次每张巢脾都可以收蜜，在流蜜期末或天气不稳定时，每群蜂只可抽部分蜜脾进行收蜜，这样既可收到蜂蜜，又保证蜂群有一定的饲料。收蜜时，如发现很多蜜蜂飞到摇蜜机抢蜜甚至冲进摇蜜机里，这标志着外界蜜源即将结束，应停止收蜜或抽少量巢脾收蜜。

#### 4. 巢蜜的生产

巢蜜是指在固定规格的巢脾中，让蜜蜂酿造贮蜜后完全封盖的连巢带蜜的块状产品。巢蜜具有蜂蜜成熟、无污染、具特殊的食用性等优点，在国际市场极受欢迎。

（1）生产条件　选择蜂场中群势大的蜂群，选择不易结晶、蜜塞浅、花期长、流蜜量大的蜜源（如紫云英、柑橘、荔枝、洋槐等）、特制的巢蜜格（现在通常用有机玻璃制作，在巢框的范围内嵌入外形规范统一的多个巢蜜格，如六边形、圆形、方形等，图9-10）。

图9-10　巢蜜格的形状
左：方形　中：六边形　右：圆形

（2）巢蜜的生产方法　在流蜜期开始时，在巢蜜格装上巢础，加入巢蜜格让蜂群在巢础上造脾，为使造脾迅速、整齐，蜂群要适当减脾，使蜜蜂密集。当第一个巢蜜脾基本封盖后，外界仍在流蜜盛期，可加入第二个巢蜜框。如在花期结束后仍有部分巢蜜格未封盖，可对蜂群饲喂同花期采集的分离蜜，直至所有巢蜜格封盖为止。巢蜜格全部封盖后，取出巢蜜框。卸下巢蜜格，加盖（盖子可与巢蜜格统一设计制作），清除外部的蜂蜡，即可加外包装。

（3）控制分蜂　蜂群在生产巢蜜过程中，由于群势大、蜜蜂密集、脾少蜜多，容易产生分蜂热。可采取以下措施控制：采用新王群；大开巢门，降低巢温；经常检查，毁除王台；适当调出蛹脾，加入其他蜂群的卵、幼虫脾，加大巢内蜂群的工作量。

### 5. 注意事项

（1）取成熟蜜　蜜蜂将花蜜从植物采回巢内，一般须经 5～6 天的酿造后才能成熟，若气温低、湿度大，还可能延长成熟期。巢内蜂蜜成熟的标志就是贮蜜房封盖，当蜜房封盖达 1/3 左右时，蜂蜜的浓度基本达到 40 波美度，封盖面积越大，浓度越高。蜜房封盖面积达 1/3 是取蜜的标志。因此，取蜜一般 5～6 天一次，未封盖的巢脾暂时不取蜜。

（2）取单花蜜　不同植物的花蜜具有其不同的色、香、味，消费者喜好差异极大，市场价格差别也大，所以摇蜜应按花期、花种进行，不同花种的蜂蜜分开贮存，分开销售。若生产上出现两个花期相连或重叠（如荔枝花期末紧接龙眼花期），可将第二花期的第一次蜂蜜另外贮存；若天气晴好，也可将上一花种的巢内贮蜜摇净后再生产第二花种的蜂蜜。

（3）注意盗蜂　花期末，摇蜜时巢内要留足饲料，否则蜂群中食物空空，肯定引起盗蜂；取蜜场所摇蜜后要将地面洒漏的蜂蜜冲洗干净；割下的蜜盖、滤出的杂质、摇蜜机等要用清水洗净，其蜜水可用于喂蜂。

（4）注意卫生安全　食品安全正日益受到重视，蜂蜜的生产应严格按照农业部《无公害农产品——蜂蜜标准》《蜜蜂饲养兽药使用准则》《蜜蜂病虫害综合防治规范》的有关规定，规范生产和用药，确保所生产的蜂蜜卫生、安全。

（5）加础造脾　在外界大流蜜的刺激下，蜜蜂蜜囊中充盈的花蜜会刺激蜡腺发育，使蜡鳞不断地形成，蜂群造脾的积极性高，造脾的速度特别快，尤其在夜间或雨天，蜂群的采集工作基本停止，有更多的工蜂参与造脾，可以利用流蜜期多造新脾。

## （十二）蜂场的转地饲养

在广东省，除少部分蜂场为定地饲养外，多数蜂场往往需要转地采蜜或为农作物授粉。中蜂最好以小转地（在本省内转地）为宜，路程以一个晚上能到达为好。

转地前，必须先对新场地的蜜源、气候和蜂群放置的地方进行调查落实。对个别缺乏饲料的蜂群，要先补充饲喂少量的糖浆，以防止蜜蜂到新场地后发生飞逃。但巢脾上的贮蜜也不能太多，因为在运输过程中会产生震动，贮蜜太多容易把巢脾震烂，压死蜜蜂，造成损失。在炎热天气运输时，蜂箱内应有 1/3 左右的空隙，对满箱的蜜蜂可分成两个箱运输。

不论用什么运输工具，在运输前一天必须对蜂群进行包装。可用蜂路卡（用手指粗 3 厘米长的小方木条，在一端钉上一枚小铁钉成 T 形即成）把蜂路塞紧，每条蜂路的每端各放一枚，用铁钉把巢框和保温板的框耳钉死在蜂箱上，箱盖和箱体也用铁钉钉死（钉子要留下一个钉头在板外，以方便开箱）。也可在巢框两头用海绵条上压小木条紧固。

当晚上蜜蜂全部回巢后，把巢门关上，钉死，打开蜂箱两头的纱窗。蜂箱包装好后就可以装车运输，用来运蜂的汽车千万不能用运过农药的汽车。装车时，巢脾的方向要保持与汽车平行。气温太高时应在晚上运蜂，运输过程要注意蜂群的情况，如果蜂箱闷热，蜜蜂躁动，应立即喷洒冷水处理。在气温高的季节运蜂，尽量不要中途停车，以随时保持通风。

蜂群到达目的地后，应立即把蜂箱卸下车并摆开，摆好蜂箱后要间隔错开分批打开巢门。如果新场地蜜源条件好，开巢门后蜜蜂马上进行简单的试飞，片刻后开始进行采集活动，这时可见蜜蜂采粉回来。当蜂群的情绪安定后，就可开箱卸去蜂路卡和铁钉等包装物，并检查整顿好蜂群，如发现烂脾、压死蜂王等应立即给予处理。如果蜜源条件不好，应到黄昏时才开箱检查。紧接着应立即用支架把蜂箱架起，以免受敌害侵袭。

蜂箱位置摆好后，就不要随便移动。如需移动，要逐日短距离移动。

# 十、 中蜂不同时期的
# 管理技术

在蜜蜂饲养管理上，不同时期有不同的管理方法，做好蜜蜂各个时期的管理，是蜂群能正常生存生活、繁殖发展、夺取高产稳产的保证。

不同季节和气候的变化，除直接影响蜜蜂的繁殖、生长、发育、生活和生存外，同时影响蜜粉源植物的生长、开花和泌蜜，也影响蜜蜂病敌害的消长。因此蜜蜂不同时期的管理，应根据一年四季气候的变化、蜜粉源条件、病敌害发生情况和饲养目的（收蜜或授粉）等采取相应的措施。在不利的季节，要求保存蜂群的实力；在有利的季节，力求快速繁殖，使青壮年工蜂出现的高峰期与大流蜜期相吻合，以达到高产、稳产的目的。

在广东省，由于地处热带、亚热带地区，一年中温度的变化对中蜂的生存、生活有一定的直接影响，但不很严重。而一年中的蜜粉源植物开花的变化，则对蜜蜂的影响较大。因各地气候条件、蜜源植物等略有差异，现将中蜂在不同时期的特点及其相应的管理技术介绍如下，养蜂者可视本地具体情况，予以参考选用。

## （一）繁殖期的管理

这个时期的特点是外界有蜜粉源植物开花，蜂王从停止产卵的状态进入繁殖期。这个时期可以划分为恢复阶段、发展阶段和分蜂阶段。这个时期的主要任务是采取有效措施，恢复蜂群，促进蜂王产卵，使蜂王在大流蜜期到来之前一个月进入产卵高峰，以便培育出一大批青壮年工蜂，在大流蜜期到来时候，用于生产采集。

### 1. 恢复阶段

恢复阶段外界有零星的辅助蜜源植物开花，蜜蜂采集较活跃，箱外观察可见有些蜜蜂携带花粉回巢，开箱检查可见蜂王在巢脾上产下小面积的卵，工蜂出现咬旧脾、造新脾的现象。恢复阶段要着重做好如下几项工作。

（1）全面开箱检查。在天气良好的条件下进行全面开箱检查，详细了解每群蜂的情况，包括脾数、蜂量、巢脾的新旧程度和完整情况、饲料的贮存量和病敌害发生的情况等，并一一做好记录，针对每群蜂出现的各种情况采取相应的管理措施进行处理。

（2）抽脾缩巢，保持蜂脾相称。蜂王经一段时间停止产卵后，蜂群中会出现脾多于蜂的现象，可结合开箱检查把蜂群里多余的巢脾抽出，使蜂群达到蜂脾相称。中蜂有喜新脾、厌恶旧脾的习性，因此抽脾时应把旧的巢脾、破烂的巢脾抽出来，保留较新的、完整的巢脾；要注意抽蜜脾、留粉脾。抽出来的脾要及时进行化蜡处理。此外，还应结合抽脾全面清洁蜂箱，可准备一个干净的周转蜂箱，把要清洁的蜂箱中的蜜蜂连脾带蜂过到周转箱中去，再进行打扫。

（3）合并弱群或双群同箱饲养。由于弱群很难维持稳定的蜂巢温度，不利于繁殖，因此应把弱群互相合并后饲养。双群同箱饲养是蜜蜂快速繁殖的特殊管理技术之一，其做法是在同一个蜂箱里饲养两群蜜蜂，中间用闸板隔开，巢门开在相反的方向。这个方法对群势较弱的蜂群和温度较低时期（如冬春季节）蜂群的繁殖很适用。用这个方法，蜂箱温湿度较稳定，蜂群繁殖加快，到了大流蜜期，可把其中一只蜂王带少量的蜂连脾提出作为繁殖群，留下的另一只蜂王和其余的工蜂合并成为强大的生产群。

（4）适当进行奖励饲喂。为了刺激蜂王产卵和工蜂出勤的积极性，要进行适当奖励饲喂。除了喂糖浆外，还可以给蜂群喂点多种维生素片或核黄素片。把这些药片研成粉末，混在糖浆里喂蜂，每脾蜂的用药量相当于人用药量的 1/20，连续喂三个晚上。如果外界粉源不足，可对蜂群适当补充喂些花粉或酵母片，这样可促进蜂群的繁殖。饲喂蜜蜂时，一定要注意糖浆的量，以当晚饲喂当晚蜜蜂能取食完为原则，同时注意不要滴洒在地上，以防止盗蜂发生。

（5）加强病敌害防治，防止农药中毒。对病害，可结合奖励饲喂在糖浆中加进药物进行防治。

虫害主要是大蜡螟（俗称巢虫），可结合抽脾、蜂箱的清洁卫生等措施进行处理，在天气良好时把蜂王未产上卵的巢脾抽出来，在水泥地上晒，逼使大蜡螟从巢脾上逃出后，再把巢脾放回蜂箱里。敌害主要是胡蜂和蟾蜍，胡蜂可在白天加强巡视打杀和诱杀，对蟾蜍可把蜂箱适当架高即可。要注意了解蜂场附近农作物施用农药的情况，做好农药中毒的防范措施。

（6）在高温季节要注意蜂箱遮阴降温工作。在低温季节，要注意做好蜂群的保温措施。

**2. 发展阶段**

在这个阶段，外界有较多的蜜源植物开花流蜜，蜂群已发展到一定群势，蜜蜂采集极为活跃，蜜蜂进出蜂箱频繁，开箱检查时，蜜蜂密集，有大量的幼龄或青壮年工蜂，巢脾上贮蜜较多，粉圈也较大，蜂王产卵数量多，子圈整齐，说明蜂群已进入发展阶段，这时要做好下面几项工作。

（1）及时加脾扩巢　当蜂群有一定加脾条件时，要及时加进巢础给蜜蜂造新脾，保证有足够的空巢房提供给蜂王产卵，加巢础时要适当进行奖励饲喂。在加巢础的同时，逐渐把旧巢脾淘汰掉。

（2）抽强补弱　对中蜂来说，只有较强的群势才有强的生产力。为了使每群蜜蜂到大流蜜期到来时都能成为强大的生产群，可充分利用强群的哺育能力，从强群中抽出部分封盖的老熟子脾，加到弱群里去，封盖子羽化后马上就能成为弱群里的劳动力。这样，既加强了弱群的群势，又控制了强群分蜂热的产生。

（3）人工育王　中蜂的新蜂王产卵力较强，一般每群蜂每年要换王 1～2 次，需要换王的蜂群，应在大流蜜期前两个月进行人工育王，新王育出后把老王换掉，为保证换王又不影响繁殖，可以建立交尾群（每群只有很少的巢脾和工蜂，专供处女王交尾用）。等到处女王交尾成功后，再把它介绍到其他蜂群里去，取代老蜂王。

（4）及早做好病敌害防治工作　一般从大流蜜期到来之前 30 天开始，严禁在蜂群中使用任何药物。因此，这时应抓紧对蜂群的病敌害进行防治，可把药物混在糖浆中，结合奖励饲喂给药；也可把药物混在粉碎的花粉中饲喂。如果蜂群中贮蜜充足，喂糖浆蜜蜂不取食时，可用子脾喷雾的方法给药。用药后 30 天内不能取蜜，以防止药物对蜂蜜的污染。

### 3. 分蜂阶段

这时外界蜜源植物处于大流蜜期或接近大流蜜期，蜂群繁殖达到了高峰，蜂群里有大量的青壮年工蜂。在这个时期，蜂群出现王台，王台封盖后蜂王产卵量急剧下降，以至停止产卵，工蜂怠工，不出勤，蜂群进入分蜂阶段。分蜂阶段如果发生在主要蜜源植物的流蜜盛期，将会严重影响蜂蜜的产量。

对中蜂，如果坚持用反复破坏王台的方法来压制分蜂，会导致工蜂长时间消极怠工，除影响蜂王产卵、造成群势削弱外，还造成收不到蜂蜜，因此不宜使用反复破坏王台的方法来压制分蜂热。对于这时期的管理，应视不同情况采取不同的处理方法：

（1）如果分蜂热出现在大流蜜期一个月以前，群势又较强大，可用单群平分法（即把一群蜜蜂平均一分为二）进行人工分蜂。

（2）如果分蜂热出现在大流蜜期，可以提早收取蜂蜜或把蜂群分为生产群（较多脾）和繁殖群（较少脾）。

（3）加强蜂场巡视，发现蜂群分蜂时及时收捕，收回来的蜂群如果群势达不到生产群要求，可在有产生分蜂热现象的蜂群中抽出封盖子加强，使其在大流蜜期时能成为强大的生产群。

其他处理方法参照分蜂热解除的方法。

## （二）流蜜期的管理

外界蜜源植物处于大流蜜期时，往往是蜂群的发展和分蜂阶段同时产生的时期，这时，在管理上要处理好繁殖和生产的关系。对于中蜂，不宜采用关王断子的方法来组织生产群，否则会影响蜜蜂采集的积极性，又会造成流蜜后期和流蜜期过后群势严重下降。在这个时期要做好如下几个方面工作：

### 1. 控制和解除分蜂热

使蜂王产卵和工蜂采集都处于积极状态。

### 2. 组织好生产群

强大的生产群是高产的保证，一般在大流蜜期到来以前20天开始组织生产群，可通过抽调老熟的封盖子脾和对弱群进行合并等方法进行处理。要注意的是，中蜂群势如果太强时，很易产生分蜂热，因此组织生产群的群势一定要合适。为了保证既达到强群又不易产生分蜂热，有利于繁殖，可采用强群生产和弱群繁殖的方法，从繁殖群里抽出封盖子补充到生产群去，使蜜蜂有强大的群势用于生产采集；如生产群群势太强，有产生分蜂热的可能时，也可抽出部分蜜蜂和子脾加到繁殖群里，把繁殖群改成生产群；也可把群势太强的生产群用人工分蜂的方法分成两群生产群或一群生产群一群繁殖群。

### 3. 解决好育虫与贮蜜的矛盾

中蜂贮蜜和育虫都在同一张巢脾上，在流蜜期会造成子区面积大贮蜜面积小的矛盾。为解决好这个矛盾，可采取处女王采蜜的方法，也就是把采蜜群的蜂王提出，换入处女王或成熟的王台，造成一段停卵期，以便集中采蜜。这个方法可结合换王一起进行，但要注意的是，中蜂以哺育幼虫时的采集积极性最高，因此可从其他群抽调一张有低龄幼虫的卵虫脾加到处女王群中去，这样既保持了工蜂采集的积极性又控制卵虫面积不会太大。

### 4. 流蜜后期要保持充足的饲料

在收取蜂蜜时，发现蜜蜂情绪暴躁、围绕着摇蜜机转，甚至不顾一切冲到摇蜜机的蜂蜜里面去，这种现象预示着外界蜜源植物开花即将结束，因此在取蜜时每群蜜蜂都应保持一些巢脾不收，给蜂群留下饲料。这时，还应注意缩小巢门，防止盗蜂。

抽出多余的巢脾，做到蜂脾相称。收完蜜后全场蜂群都进行全面检查，对失王群或蜂王伤残的蜂群要及时采取补救措施，合并或介绍入新蜂王或王台。要注意做好病敌害的防治工作。

## （三）缺蜜期的管理

缺蜜期在不同地方发生的情况不同，发生的时间也不一样。主要是由于外界气候条件不宜，如连绵的阴雨天气、酷暑季节、外界无蜜粉源植物开花等原因，造成工蜂无法出勤或无蜜粉源可采集，蜂王产卵量急剧下降或停产，蜂群群势严重削弱，此外，平时以取食植物蜜粉为生的胡蜂也转为危害蜜蜂。因此，缺蜜期要做好下面几项工作：

**1. 流蜜末期一定要留足饲料蜜**

如果取蜜后天气突然变坏，且巢脾上贮糖已被蜜蜂取食至尽，应迅速用浓糖浆作补救饲喂。

**2. 适当调整群势**

如果外界尚有少量蜜粉源的地区，可以适当调整群势，取出蜂群内旧巢脾和多余的巢脾，使群势相对密集，有利于保持小规模的繁殖。

**3. 做好避暑措施**

气温太高时，要做好蜂箱遮阴工作，否则，工蜂因要调节巢温而激烈扇风，会加大饲料的消耗；温度太高时还会造成巢脾受热熔化而下坠、蜂王产的卵不能孵化和幼蜂翅膀畸形等现象，严重时引起蜜蜂发生飞逃。除了遮阴外，还可在蜂箱及其周围洒水降温、为蜂群喂水等，都可起到一定的降温避暑作用。

**4. 减少开箱避免对蜂群的干扰**

缺蜜期开箱，会破坏蜂巢稳定的温度，蜜蜂为调节温度需消耗饲料。此外，开箱也会造成蜂群骚动而大量取食存蜜，加大饲料的消耗，此时开箱还易引起盗蜂和胡蜂的危害。因此，应尽量减少开箱，需要检查蜂群时，应以箱外察看为主。对个别不正常的蜂群需开箱检查时，应在天气晴朗、气温适宜的时候进行，如冬春低温应在中午进行，炎热季节应在早晚进行。

**5. 防止盗蜂和胡蜂的危害**

此时期极易发生盗蜂和胡蜂的危害，应做好防止措施，可把巢门缩小到只能容1～2只蜜蜂进出，修补好蜂箱的缝隙等。

**6. 注意防止病敌害和农药中毒的发生**

缺蜜期如发生在阴雨连绵季节，应注意防病，发生在高温季节应注意防巢虫。当野外缺少野生蜜粉源植物开花时，蜜蜂会到一些有开花的农作物上采集，因此应注意防止农药中毒。

**7. 补救饲喂要慎重**

缺蜜期对蜂群的饲喂要十分慎重，此时期虽然缺蜜有可能引起蜂王停卵，但这种停卵若是短期的，对蜂群的发展影响不大，对病害严重的蜂群还可起到断病源的作用。相反，这时喂蜂会引起工蜂兴奋而外出活动，导致饲料消耗、工蜂寿命缩短、群势削弱，还容易引起盗蜂的危害。因此，断蜜期饲喂要谨慎，只有缺蜜极为严重、蜂群有可能饿死或逃跑时才作补救饲喂。

## （四）越夏期的管理

蜜源缺乏和胡蜂危害是南方山区中蜂越夏困难的主要原因。为了使蜂群顺利越夏，保存实力，为秋季繁殖、冬季流蜜期生产打好基础，在越夏期蜂群应具备以下条件：

（1）当年的新王，因为新王的产卵能力强，一旦外界有零星蜜粉源植物开花，蜂王可快速恢复产卵能力，蜜蜂群势迅速上升。

（2）有一定的群势，对外界不良环境有较强的抵抗能力，且能保持一定程度的繁殖，所以越夏蜂群的群势要在三足框以上。

（3）蜂巢内贮蜜充足，蜜蜂安定，一足框蜜蜂每日耗蜜约 20 克，按越夏期两个月计算，一足框蜜蜂耗蜜 1.2 千克/月，所以蜂群要根据群势留足贮蜜，检查时发现蜂群缺蜜，应立即补充饲喂；在有条件的地方可将蜂群转地至有丰富山花资源（乌桕、山乌桕）的地方，越夏前采集山花蜜，摇取部分，大部分留给蜂群当饲料。

（4）有春季造的新脾，既满足了蜂王喜好在新脾产卵的特性，也对巢虫的滋生有很强的抵抗性。

（5）抽掉旧脾、劣脾，保持蜂多于脾，或蜂脾相称，以利防巢虫危害，也有利于扇风降温。

在做好上述工作的同时，越夏期间蜂群管理上还要注意蜂群的遮阴，将蜂群安置在通风凉爽的地方，避免蜂箱受到烈日暴晒，减少蜜蜂的扇风工作，节约饲料，也防止巢脾在高温下受热变软，发生坠裂。胡蜂和巢虫是南方中蜂越夏最主要的敌害，应注意抵御和定期清理蜂箱底部；山区对青蛙、蟾蜍、蚂蚁也需注意防范。越夏蜂群为降低巢温，提高巢内湿度，常采水散热，在缺水的地方应在蜂场设置人工饮水器，同时可在蜂箱周围洒水降温增湿。

越夏期间，要给蜂群一个安静的环境，不要经常开箱检查，多做箱外观察，每7~10天进行一次快速检查即可。南方通常9月以后野外陆续有零星蜜粉源植物开花，蜂群进入恢复阶段。到9月底，蜂群内老蜂基本被新蜂取代，蜂群生机勃勃，进入了发展阶段，这时可根据下一个花期开始培育适龄的采集蜂。

### （五）秋末冬初流蜜期的管理

我国地域辽阔，南北冬季气温差距极大，中蜂在不同地区的秋冬季生活状态也不一样，因此管理方法也不一样。北方秋季以繁殖越冬蜂为主，而南方山区常在秋末冬初有一个很好的流蜜期，如鹅掌柴、枧等。秋季又是培养越冬蜂的时期，所以要兼顾生产与繁殖两不误。

华南地区两广、福建、云南等省份的南部地区，冬季气温常保持在10 ℃，蜂群基本没有明显的越冬期，外界有鹅掌柴和枧属植物于11月至翌年1月开花泌蜜，两种蜜源均对中蜂有极大的吸引力，蜂群采集活跃，是重要的采集期。管理上一般参照流蜜期的管理，但生产期间气温较低，群势也相对小，又要兼顾繁殖。蜂群应排列在背风向阳的地方，进行适当的保温（在隔板外填充干稻草、旧棉絮等，副盖上加一草垫或棉垫），采蜜群势一般保持4～5框即可，保持蜂略多于脾，取蜜应选择在晴暖的日子10：00～14：00进行；每次取蜜的间歇时间宜稍长些，采取抽脾取蜜的方法，以兼顾繁殖，并保证产品质量及群内饲料。

### （六）中蜂越冬期管理要点

#### 1. 长江流域地区

冬季气温较低，一般在0～10℃，蜂王基本停卵，在秋初要抓紧有利时机繁殖越冬蜂。管理上注意留足越冬饲料，适当内包装保温，尽可能保持蜂群安静结团越冬。

#### 2. 黄河以北地区

冬季气温初期在0℃以下，蜂群处于结团越冬状态。管理的关键是创造条件让蜂巢处于-4～2℃，巢内蜂群保持安定。东北等严寒之地可以建越冬室或越冬地窖安置蜂群，越冬室要求黑暗、通风良好，室内温度在0℃为宜。越冬蜂群内饲料一定要优质、充足。

越冬期间蜂群管理主要是通过箱外观察进行，非特殊原因不开箱检查。

以上措施，各地可视不同情况灵活应用。

### （七）中蜂周年饲养管理方法

上面是中蜂在不同繁殖时期的管理技术，现结合广东省一年四季的变化，将中蜂的管理方法应用介绍如下，各地可根据当地实际情况制定周年养蜂历。

## 1. 春季流蜜期前管理

1~3月（小寒至春分），是收冬蜜到收春蜜的间歇期，期间经历广东省最低温时期后，迎来万物生长的春天，蜂群处在从繁殖低谷到逐渐恢复和繁殖高峰的变化过程中。这期间，外界有零星的蜜源植物开花，有利于蜂群的繁殖。但这期间为广东省一年中温度最低的时候，常有寒流出现，后期多为阴雨绵绵的梅雨低温天气。这种气候条件对蜂群的繁殖是不利的。

这时期的蜂群管理要点是抓保温，促繁殖，防病害，达强群。

1月（小寒至春分），全面检查，缩脾保温。收完冬蜜后，在天气良好的日子里，对蜂群进行全面检查。检查时要注意蜂王的状况，如失王或蜂王有伤残的蜂群，要及时介绍新王、换王或对蜂群进行合并，对弱群也要进行合并。抽掉多余的巢脾，保持蜂脾相称或蜂多于脾。做好蜂群的保温工作，可在隔板外填充干稻草或旧报纸等保温物，巢脾的上面用塑料布加盖。填充的保温物经一个阶段后易吸湿受潮，要常拿出来晒干。对蜂箱盖的缝隙要及时补好，以防止下雨时漏水。对缺乏贮蜜的蜂群要用较浓的糖浆进行救助饲喂。

2月（立春至雨水），奖励饲喂，及时加脾，人工育王。这时期，在山区有零星的蜜粉源植物开花，蜂群进入繁殖期，应对蜂群进行适当的奖励饲喂，要注意及时加脾，使蜂王有足够的巢房产卵。在2月中旬可进行人工育王。

3月（惊蛰至春分），早换王，早分蜂，促强群，控分蜂热，防病害。蜂群壮大后，利用育好的处女王换王。对群势较强的蜂群，要及早分蜂。换王和分蜂要在大流蜜期到来之前30天进行，以便培育出大量的青壮年工蜂，在大流蜜到来时成为采集蜂。在大流蜜期到来时，蜂群要达到较强的群势（要求有4脾蜂以上）用于采集生产。这一点在养蜂上是至关重要的管理措施。

在这个时期，蜂群很容易产生分蜂热，因此要加强对蜂群的管理和检查，采取有效的措施，防止和解除分蜂热的产生。

在这个时期，经常出现低温阴雨天气，蜂群很容易发病，因此要注意做好病害的防范工作。

**2. 荔枝花期的蜂群管理**

4月（清明至谷雨），是收获荔枝蜜的季节。在广东省大面积种植的晚熟荔枝进入开花期，荔枝开花后期，紧接着是龙眼开花。这时期的管理要点是：组织强群，适时进场，防农药中毒，科学取蜜，抓紧育王分蜂。

（1）组织好生产群　进场采荔枝蜜前要先组织好生产群，群势以4～5脾为宜，蜂脾相称或蜂多于脾。群势太弱，生产力低，群势太强，容易生产分蜂热，也不利于生产。如果蜂王是刚产卵的新王，对降低分蜂热有一定的作用。

(2) 适时进行场，防农药中毒  在组织好生产群后，要到放蜂新场地调查与养蜂相关的情况，如荔枝的种植面积、树龄、开花情况、农药施用情况、周围其他需喷农药的植物、摆蜂场地、人的生活条件、交通情况和治安状况等，然后确定进场时间。进场要适时。进场太早，因果树尚需喷施农药或因施用农药后，残效期未过，会引起农药中毒；进场太迟，减少蜜蜂的采集时间，降低产量。因此，应在调查的基础上，以不产生农药中毒和有利于生产为原则，掌握进场时间。根据多年放蜂实践，多数养蜂者认为，以 3 月 28 日到 4 月 2 日进场较为合适。

(3) 科学取蜜  蜂群进场后，当天要进行检查，发现问题及时进行处理。当晚和第二天，有加脾条件的蜂群可加入巢础，让蜜蜂造脾。如果天气良好，荔枝开花较盛，第三天就可取第一次蜜。开始取蜜后，一般就不要再往蜂群里加巢础，以免影响产蜜量。取蜜后第二天，可把蜂路调整到 1.5 厘米左右，让蜜蜂加高巢脾的贮蜜区。当贮蜜区的贮蜜封盖后，即可取第二次蜜。有的养蜂者往往不等到贮蜜封盖，就开始取第二次蜜，这样虽然产量较高，但所取的蜂蜜含水量太高，很容易发酵变质，达不到质量标准的要求，这种行为是不能提倡的。此时因蜜蜂酿蜜大量蒸发水分，蜂箱内的湿度很大，可把蜂箱盖一端略为支高，或把蜂箱盖侧面的气窗稍为打开，使蜂箱内的水分便于排出。在流蜜高峰期，如果巢脾上的子脾面积太大，取蜜时可把摇蜜机的转速稍为加快，把子脾上的小幼虫甩掉一些，这样既可增加贮蜜面积，又可减少内勤蜂的工作量，增加外勤采集蜂的数量。流蜜后期，则要注意保护子脾上的幼虫；更要根据天气状况和荔枝开花的程度，决定是否收蜜和收多少蜜。如果天气有变化的预兆或大部分荔枝花已萎黄，或取蜜时蜜蜂围着摇蜜机转，甚至冲进摇蜜机里去，这种现象预示着外界的蜜源将要结束，这时可考虑每群蜂只抽出一部分蜜脾进行收蜜较为保险。总之，在花期结束时，应多留少收，否则巢内缺蜜断子很容易引起蜜蜂飞逃或发生盗蜂，也会影响蜜蜂的繁殖，直接影响紧接而来的夏季蜜源生产。

（4）人工育王，人工分蜂　在流蜜中期，可再进行一次人工育王，相对全年来说，这时育出来的蜂王质量最好。花期结束后，强群要进行人工分蜂，老弱伤残的蜂王要更换掉，同时要及时把蜂场迁到山区或蜜粉源条件较好的地方繁殖蜂群。

**3. 夏季流蜜前期及夏季流蜜期的蜂群管理**

荔枝花期结束后，经40多天就进入夏季（5~6月，立夏至夏至）流蜜期。在广东省，夏季蜜粉源植物主要是山乌桕和隆缘桉。在流蜜期前，外界有零星的蜜源植物开花，有利于蜂群的繁殖，此期间出现高温高湿的气候条件，并常有暴雨和台风。这期间蜂群的管理要点是：前期加强管理，促进蜂群繁殖；后期培育足够的青壮年工蜂，留足饲料，顺利度夏。这期间注意防高温、防山洪。

（1）加强管理，促进蜂群繁殖。荔枝花期结束后，尽快把蜂场迁到夏蜜场地。摆蜂场地要注意选在阴凉通风、中午无阳光直接曝晒蜂箱、没有山洪发生的地方。

（2）5月要充分利用外界有零星蜜粉源植物开花对蜂群繁殖有利的条件，及时加巢础造新脾。如外界蜜粉源不是很充足，可对蜂群进行适量的补充饲喂，以促进蜂群的繁殖。

（3）组织群势适当的生产群。由于外界温度高，因此群势不宜太大，一般以4脾蜂左右为好，群势太强，容易生产分蜂热。可保持蜂脾相称，强群可脾略多于蜂，蜂路可扩大到1.5～1.8厘米。

（4）大流蜜期间，把巢门适当扩大，有利于巢内空气流通和水分挥发，加快蜂蜜的成熟。为了保证蜂蜜的浓度，最好应在早晨取蜜。流蜜后期，一定要留足蜂群的饲料，以保证蜂群顺利入伏度夏。

（5）在6月中旬，进行人工育王，当花期结束后，进行换王或分蜂，为蜂群安全过伏创造条件。

**4. 夏秋伏期蜂群管理**

7～9月（小暑至白露），是广东省养蜂最困难时期，习惯上叫入伏度夏。在此期间，天气炎热气温高，蜜粉源植物开花少，是一年中缺蜜最严重的时期。蜜蜂很少出巢采集，蜂王产卵减少，甚至完全停止产卵。加上胡蜂等天敌因外界缺少花蜜和花粉供其取食，转而捕食蜜蜂。这时期的管理要点是：防高温、防天敌、防巢虫、防农药中毒，保蜂群实力，为出伏繁殖做准备。

（1）抽脾缩巢，留足饲料　当夏季蜜粉源结束

后，应把蜂场迁至有零星蜜粉源的地方，但要注意
周围不能有施农药的农作物，以防农药中毒。蜂群
要摆放在阴凉通风的地方，蜂箱用杂草等进行遮阴
保凉。对蜂群进行全面检查，需要换王的要及时换
王。把蜂群多余的巢脾抽出，保持蜂脾相称，这样
可减少巢虫的危害。要注意留足饲料，对饲料不足
的要及时补充饲喂。

（2）度夏期间要做好防天敌的措施　在山区，
此时胡蜂等天敌对蜜蜂的危害猖獗，应把巢门缩小
至仅能容1～2只蜂通过即可。蜂箱的缝隙要糊补
好。为防止蟾蜍危害，可把蜂箱支高至离地面40
厘米以上，把蜂箱四周的杂草除掉。加强对蜂场的
巡视，白天拍打胡蜂，晚上捕捉蟾蜍。

（3）补充饲喂要谨慎　在度夏期间，对个别因
饲料严重缺乏、有逃跑可能的蜂群，才有必要进行
补充饲喂；对需补充饲喂的蜂群，可在晚上喂以浓
糖浆，喂的量要严格控制，当晚饲喂蜜蜂当晚要取
食完，在第二天天亮时把饲喂器取出。此外，蜂箱
内或蜂场周围应设喂水器，方便蜜蜂采水。

（4）减少和避免开箱检查　在夏季蜜源结束进
入度夏后，蜂群要尽量减少开箱检查，应多以箱外
观察为主，以减少饲料的消耗和防止盗蜂的产生。

**5. 出伏后及冬季流蜜期的蜂群管理**

从9月中下旬开始到12月底（秋分至冬至），
为蜂群出伏后恢复繁殖及进入冬季流蜜期。从9月
中旬开始，气温逐渐下降，外界也开始有蜜粉源植
物开花，蜜蜂从酷暑的炎夏、缺蜜断子的恶劣环境

中度过，进入繁殖恢复期，称为出伏。11月中旬开始，冬季蜜粉源植物（野桂花和鸭脚木）开始开花，进入冬季流蜜期。这段时期的管理要点是：促进蜂群繁殖，培育强群收冬蜜。

（1）全面检查，及时奖励饲喂 9月下旬开始，对蜂群进行全面检查，把蜂群里多余的巢脾和烂脾抽出，使蜂脾相称。在对蜂群检查的同时，对蜂箱进行清洁打扫。对群势在一脾以下、难以恢复繁殖的弱群进行合并。在蜂王未产卵前，先把巢脾轮流抽出来在太阳下晒，把巢虫驱赶出巢脾或晒死。进行奖励饲喂，调动蜂群采集的积极性和刺激蜂王多产卵。

（2）及时加脾扩巢 10月（寒露后）出伏后第一批成蜂已培育出来，这时野外辅助蜜粉源植物开花的种类较多，应及时对蜂群加巢础，让蜜蜂造脾扩巢。加脾时，适当进行奖励饲喂。

（3）早育王早分蜂，防敌害重保温 11月初（立冬前），外界辅助蜜源丰富，蜂群繁殖加快，可抽调一些老熟封盖子脾集中给具有优良性状的蜂群，促其提早产生分蜂热，以其作为育王种群，进行人工育王，及时更替老残的蜂王。对群势较强的蜂群，可进行人工分蜂。在管理上，要注意加强保温和预防敌害。总之，这时期的管理重点是确保冬季蜜源植物大流蜜期前把蜂群培育成强大的生产群。

（4）适时取蜜，后期留足饲料 11月初到12月中旬，是野桂花和鸭脚木相继开花的冬季大流蜜期，时间长达一个多月，这时应适时取蜜、科学取蜜，取蜜原则与春、夏花期相同。在开花后期要注意为蜂群留足饲料，以利蜂群顺利度过严寒的晚冬。

（5）花期结束，调整群势，转地繁殖　冬季流蜜期结束后，应把蜂群的群势进行调整，把多余的巢脾抽出，保持蜂多于脾。把蜂路缩小至0.8厘米左右，缩小巢门，加强保温。如果当地蜜粉源缺乏，应把蜂场转至蜜粉源较丰富的地方。

以上为一年中中蜂饲养管理的方法，也叫周年蜂事或养蜂历，可结合当地的实际情况，有选择地引用。

# 十一、中蜂病敌害的防治

　　蜜蜂病敌害是制约养蜂业发展的瓶颈之一。病敌害的发生会严重影响养蜂生产，轻则使蜜蜂群势削弱、生产力下降，重则蜂群死亡或飞逃，甚至引致全场蜜蜂毁灭。

　　随着社会的进步和生活水平的提高，食品的安全性问题越来越受到政府的重视和消费者的高度关注。食品安全指的是消费者在食用食品时，食品中不应含有可能损害或威胁到人体健康的有毒、有害物质或因素，从而导致消费者急性或慢性毒害或产生疾病，或产生危及消费者及其后代健康的隐患。蜂产品作为一种天然的保健食品，由于越来越多的人在食用，其安全性问题受到社会各界的重视并成为关注的热点。我国蜂产品的安全性问题主要是在蜂病防治中使用的抗生素残留。

　　为了确保食品的安全性，我国对动物源食品中抗生素残留实施了严格的监管，除了有《中华人民共和国食品安全法》外，还有一系列的法律法规。《中华人民共和国畜牧法》中第四十八条规定"养蜂生产者在生产过程中不得使用危害蜂产品质量安全的药品和容器，确保蜂产品质量"。中华人民共

和国国务院令第 404 号《兽药管理条例》、农业部
发出的有关兽药管理的《中华人民共和国农业部公
告》第 193 和 235 号公告，以及《农办医〔2009〕
19 号蜂用兽药治理方案》，明确除消毒外，抗生素
等化学药物被禁止用于蜜蜂病害的防治。从根本上
规范蜂产品的生产，使蜂产品的安全性得到保证。

由此可见，国家对蜂产品的安全问题十分重
视，已提高到法律的高度上来。因此，每个养蜂者
要改变蜜蜂发病用抗生素治疗的错误方法，要改防
治为防控，要掌握好蜜蜂病敌害防控的方法。

## （一）蜜蜂病敌害防治概述

蜜蜂发生病害，首先要有病原存在。病原指的
是引起蜜蜂发病的原因，包括生物因素：对中蜂来
说主要有病毒、细菌等微生物，还有昆虫等动物，
以及蜜蜂本身的遗传病；非生物因素：如环境因素、
不良的管理方法、不适合蜜蜂需求的食物、毒物等。

影响蜜蜂病害发生和流行有三个因素：病原体
的感染力、蜂群的抗病力和环境条件（包括温湿
度、管理水平、环境卫生等）。这三个因素互相影
响又互相制约，养蜂者可根据蜜蜂的生物学特性和
中蜂在不同时期的管理要求，创造适合蜂群发展又
不利于病原繁殖的环境条件，提高蜂群的抗病力，
减少病害的发生，才能夺取高产。

## （二）蜜蜂病虫害防治的基本原理与主要方法

蜜蜂病虫害防治工作，是一项极具科学性的工

作，必须有正确有效并切实可行的防治理论与方法，并随时总结生产实践中的防治经验，而且原来的防治理论与方法在科学技术高速发展的今天，需要不断地更新、创造，并及时加以推广，这样才能更有效地提高防治效果。

**1. 防治病害的根据**

在对病害采取某种防治措施之前，力求明确这种病害发生的原因、病原物的生活规律、发病过程以及各种有关的环境因素对蜜蜂个体与群体发病的影响，也就是要详细了解寄主的抗病性和病害的流行规律。

对病原物特性的了解，包括病原物传播方式、感染途径、越冬问题等知识，就可以针对其薄弱环节采取防治措施，抑制病害的延续、发展。若病原已经确定，即可采用前人防治这一病害的经验，也可以试用与同类病原所引起的病害的防治方法。因为同类病原往往有相似的特性，其所引起的病害也有相近似的规律，例如由细菌引起的蜜蜂细菌性病害，通常这类病害的发病、流行规律基本相似，可以制订一些对减轻病害有利的管理措施来减轻病害的发生程度；病原对抗生素也有一定的敏感性，可以选择允许使用的抗生素种类，在合适的季节、使用合理的药量、通过恰当的途径控制病害。

流行病学的研究，对防治传播性强的、感染次数多的、易于暴发流行的病害有特别的意义。如果不能预测其发生发展，就不能有计划、有效地给予有针对性的控制，制止其流行成灾。

对蜜蜂抗病性及其与环境条件关系的了解，有利于培育蜜蜂抗病品种，防止或减少病害的危害，而且还能使我们更好地控制环境条件来抑制病害的发生。

**2. 蜂场防治病害**

在设计防治方案时，务必考虑以下几方面：

（1）病害的严重性　病害种类很多，如果在同一时间里发生了不止一种的病害，在无法兼顾治疗时，就必须考虑哪一种为最主要病害，哪一种损失最大，就对那一种先行防治。损失大小以对寄主损失的程度或病害流行的程度两方面来衡量。需要注意的是，不是蜂群一发生病害就立即进行防治，如果发病很轻，环境条件不利于病害发生流行，则不必进行治疗，特别是药物治疗，否则得不偿失，既加大了生产成本，又易造成蜂产品抗生素污染。

（2）不同类型的病原选择不同的防治方法　不同类型的病原，防治的基本方法也有所不同。蜜蜂的非传染性病害是由不适宜的环境条件或采集毒物引起的，所以防治方法主要是改善环境条件，避免或减轻危害。

传染性病害因病原和发病规律不同，必须采取不同的防控对策，才能获得较好的防治效果。主要经由食物（如花蜜、污水、饲料传递等）传染的多种细菌性病害，宜采取排除蜂场积水，病健群分开管理，再结合相应的药物治疗。总之，蜜蜂病害的防治，要根据各类病害的病原特性、发生规律，同时考虑蜜蜂生活的特点和饲养条件，通过病情分析，寻求清除病原物的有效方法。以经济、安全、有效为出发点，确定不同的防治策略，提出有效的综合防治措施。

**3. 蜜蜂病虫害防治方法**

（1）预防和治疗　预防就是在病害发生以前采取措施以防止其病害发生。治疗则是病害发生之后采取措施将其消灭或减轻病情。防治的原则是以防控为主，综合防治。采用防治方法应以预防为主要目的。这是因为：

① 在蜜蜂发病之后才去治疗，蜜蜂已经受到了一定的损失。

② 蜜蜂病害一旦发生，发展很快，治疗往往跟不上病害发展的速度。

③ 一些病害的治疗往往需要较长的时间，且效果也不彻底。

④ 一些病害目前尚无十分有效的防治方法。

⑤ 在蜂群内对一些蜜蜂病害的治疗难以进行。

（2）预防病害的措施　可归纳为下面五个方面：

① 杜绝。最重要的是采取检疫手段，杜绝外来病原物进入新区。

② 铲除。病原物已侵入新区并在个别蜂群发生感染，应立即采取措施，进行毁群处理，以保该地区蜂群免受其害。

③ 抑制。通过人工的方法改变环境条件（通风、降湿、保温、遮阴、消毒等等），使环境不适于病原物的发生，而对蜂群有利，逐渐减少病原数

量，降低病害的发生。

④ 阻挠。采取种种措施防止病原与蜜蜂接触，如将发病蜂群迁移出蜜蜂活动区，进行隔离治疗；新引进的蜂种，在相对隔离的地点饲养一个繁殖周期后（一般以一年为宜）再扩大使用，以防新病害引入。

⑤ 防御。培育或饲养抗病品种等。

（3）直接防治与间接防治　通过消灭或抑制病原物而防治病害的方法，可称为直接防治法。反之，创造条件，以提高蜜蜂抗病性的方法，可称为间接防治法。

（4）饲养管理技术　日常对蜂群进行饲养管理应注意所采取的措施要尽量符合蜜蜂生物学的要求，这样可以提高蜂群的抗病性，从而达到降低病害发生的效果。例如加强蜂具消毒、适时更换蜂王、合理调整子脾、饲喂高质量的饲料、安全的保温措施、合理的蜂群使役等，均有很好的防病效果。

（5）综合防治　在病害防治上必须抓住各种病害发生的主要环节设计防治方法，不能只依靠一种方法就能得到满意的效果，必须采取综合防治法才有可能把病害基本控制下来。所以，在设计防治方法时应综合考虑病原种类、蜂群状态、蜂王情况、季节、生产阶段、气候因素等等因子，从几个方面同时考虑解决问题的方法。只有在其他方法效果均不理想的情况下才考虑采用药物防治。

**4. 蜜蜂病虫害防治措施**

实际施行蜜蜂病害的防治措施，可以分为蜜蜂检疫、培育抗病蜂种、管理技术防治、药物防治以及物理防治等几大类。

(1) 蜜蜂病虫害检疫 蜜蜂病虫害检疫是国家执行的一种防止蜜蜂严重病虫害蔓延的强制性手段。国家根据现有蜜蜂病虫害的世界及国内发生的种类、分布情况、发生情况、严重程度等信息，执行对外检疫（防止危险性病虫害入境或出境）和对内检疫（防止地方性病虫害全国蔓延）。

检疫由各省农业主管部门的动植物检验检疫机关根据省情制订出检疫对象，在各省交界的交通要道设立检疫机关，依法进行检疫。对内检疫一般不需事前申请，在运输过程中随到随检，检疫合格放行，检疫不合格依法处理。

(2) 选育抗病蜂种 不同蜂群对病害的抵抗力有差异，在病害发生和流行时，有的蜂群发病，有的蜂群不发病，有的蜂群发病轻，有的蜂群发病重，这说明蜜蜂不同群体的抗病力存在差异。在饲养过程中，要有目的、有计划地选育抗病力强的蜂群为种群，这对病害防治来说是最经济最为有效的措施。

蜜蜂不仅具有各种各样抗病性的差别，而且蜜蜂的抗病能力都在不断的变化中。这就为我们提供了选择、培育和利用抗病蜂种的可能性。

蜜蜂抗病性是蜜蜂在其进化过程中长期与寄生物接触所导致的有益的保护机体的适应表现。由于蜜蜂抗病性的存在，可使蜜蜂免受寄生物的侵入危害或减轻其危害程度。

蜜蜂不易感染病害的生物学特性称为抗病性。完全不感染病害的性质，称为免疫性。不同蜂群对不同病害的抗病力不同。除蜂种的某些性状不同外，应认为是生理的特性不同所致。

抗病性同时受到环境条件和遗传性的支配。比如蜜蜂的形态构造、生理特性当然有其遗传性，而且它们又密切地受环境条件的影响。蜜蜂在巢内巢外的活动，特别是巢外的采集活动，尤其受环境的影响，

根据遗传学原理，抗病性的形成是由于受到外界环境条件的刺激后产生的适应性的结果。所以，环境条件的改变就会导致抗病性的改变，并且这种改变将遗传给后代，蜜蜂的环境条件除气候条件外，还有蜂群内的饲养管理条件。生产实践不断证明，一种病害往往在最不合理的饲养管理的蜂场内首先发生，反之病害较轻或不发生病害，或推迟该病害的发生。一般说来，凡是最适于蜂群表现其生物学特性的环境，抗病性也就表现得最充分，即饲养条件最符合蜜蜂生活的要求，蜜蜂就最健康。

采取抗病品种是一种十分经济的防病措施，可以广泛地应用，它对许多病毒病害的防治更具有重要的意义。

在抗病品种的选育中，一般地说，对于专化性较强的病原物，抗病性比较明显，抗病品种的选育也较容易；相反地，专化性低的病原，抗病性差异也较不明显，选（育）种工作也较困难。另外，通过饲养管理措施往往能相当有效地抑制病害的发展

和危害。

实践证明，在现有的蜜蜂品种中存在着抗病的优良品种或个体，可以进行有目的的选择与繁育，并进行品种的连续选择，不断提高抗病水平。

当然，在选育抗病品种时，必须注意一个理想的品种不但表现高度的抗病性，而且要产量高、质量好、蜜蜂的性情勤劳而温顺、蜂王产卵力高等优良性状。抗病性只是这些优良性状中的一种而已。因此，在选种育种工作中，不能单纯要求抗病性而忽视其他性状，也不能单纯要求产量与品质而忽视抗病性。这些多种多样的综合要求不能同时都得到满足时，抗病性状应占的地位如何，需以病害的严重程度而定，由抗病性这一项来看，我们希望获得的是对一些主要病害具有综合的抵抗能力，或者集团免疫性的蜂种。如果不能如愿，那么，在每一地区往往有某一种要求的抗病品种，以抵抗最重要的病害。

在蜜蜂的饲养过程中，最简单的抗病育种方法是有意识地保留生产性能好的、抗病性比其他蜂群强的蜂群作为育种群，经过一段时间的定向育王留种，就有可能选育出所需的抗病品种。

（3）利用饲养管理技术对蜜蜂病害的防控　科学的饲养管理技术，可以使蜜蜂个体群体发育良好，提高蜜蜂的抗病能力，因而减少或避免病害的发生，及其所造成的产量和品质的损失。

科学的饲养管理，可以造成不适于病原体繁殖传播的环境。它是以蜜蜂和病原体的生物学特性为根据的，所以必须先对蜜蜂发育条件和病原体的生理及致病特性作较充分的了解和掌握，通过饲养管理各主要环节，给蜜蜂创造一个良好的繁育而不宜病原体繁殖的环境，从而达到减轻病害的目的。

许多防除病原的方法与饲养管理技术是相互联系的。科学的饲养管理技术能够减轻病害发生，而实用的防除方法也是科学管理的一个组成部分。例如，群强、王好、蜜足是夺取高产优质的基础，同时它们也是提高群体抗病力、减轻各种病原体危害不可缺少的防病措施。再如，抓紧中蜂繁殖季节加础造脾，不仅是蜂王喜欢在新脾上产卵繁殖的生物学特性，最大限度发挥蜂王产卵力，促进蜂群快速繁殖，又是预防中蜂大蜡螟危害、发生"白头蛹"的最有效措施之一。

① 维护温度稳定。蜜蜂属变温动物，11 ℃是中蜂个体的安全临界温度，低于这个温度，蜜蜂将呈现冻僵状态。蜜蜂长期处于温度高于 40 ℃的环境中，新陈代谢失衡，并将死亡。

蜜蜂育子区的温度需要稳定在 34.5 ℃，高于或低于这个温度蜜蜂幼虫发育和体质都会受到影响，易发生疾病。工蜂为了调节体温，会消耗大量饲料，降低体质，缩短寿命。因此，在中蜂饲养管理上保持温度稳定是十分重要的。

为了使蜂群有一个良好的稳定的温度条件，放蜂群场地周边的大环境高温季节要通风、阴凉、干燥，低温季节要避风、向阳。小环境蜂箱保温性要好，高温季节要适当遮阴，低温季节要适当对蜂群加保温物等。要减少开箱检查蜂群的次数，避免蜂巢温度受到影响。

② 保持充足饲料。要给蜂群保持充足的蜂蜜作饲料，收蜜蜂时要注意给蜂群留下"口粮"，使蜂群有充足的营养，提高蜜蜂的抗病性。此外，当在适宜的气候条件下，蜂群中的花粉不充足时，要适当补充饲喂花粉。

③ 勤换蜂王。优质蜂王是饲养强群获得高产量的重要因素之一。从防治病害的角度来看，一般地讲，新蜂王新陈代谢旺盛，生活力强，通常在感病群内携带病原菌的数量也比老王少，因而抗病力强。例如，在防治中蜂囊状幼虫病中，仅采取更换蜂王的措施，也能保证 1～2 代子代不发病或仅少数幼虫发病。因此，更换蜂王已成为中蜂囊状幼虫病很重要的综合防治手段之一，同时也是加强繁殖争取当年高产的需要。对中蜂来说，如果条件适合，每年应换王 1～2 次。

④ 勤换巢脾。巢脾是蜜蜂生活繁殖的场所，也是很多病原物的藏身场所，旧巢脾更是大蜡螟（俗称"巢虫"）必不可少的食料。中蜂蜂王喜在新巢脾上产卵，勤换巢脾也是切清除和减少病原物的措施。因此，在有条件的情况下，每年要换巢脾 1～2 次，从蜂群抽出来的巢脾要立即化蜡，蜡渣一定要马上深埋处理，禁止乱丢。

⑤ 消灭病原物。病原物是造成疾病发生和流行的首要条件，控制病原物的传播和蔓延，是蜂病防治的关键。在饲养管理上，要保持蜂场的清洁卫

生；对发病的蜂群要彻底消毒；对病群的巢脾和蜂蜡等应立即深埋或烧毁。此外，在操作上应注意减少人为对疾病的传播，如在检查蜂群时应先检查健康群后检查病群，不要把病群的巢脾和其他蜂具调给健康群等，还应注意防止发生盗蜂。

（4）药物防治

① 药物防治的重要性。利用化学药物来消灭病原体或抑制其感染力，是一种广泛施行的专业方法。特别在其他防除方法不能奏效时，就要求助于药物防治。从目前来看，药物防治仍是许多重要的蜜蜂病害的主要防治方法。例如蜜蜂几种幼虫病害，即使是由一种病毒引起的中蜂囊状幼虫病，在20世纪70年代初该病害刚刚暴发流行的时候，中草药治疗也能取得较好的防治效果。因此，至今为止药物防治仍是蜜蜂病害整个防治措施中的一个主要组成部分。但是，需要注意的是，国家对蜂产品质量安全的严厉监管，很多抗生素已不能在蜂病防治中应用，以免在蜂产品中产生残留，且已经得病的蜜蜂个体是无法通过治疗挽回生命的，只能保护未得病的个体，因此药物防治是不得已而为之的措施。

② 药剂防治的作用。

保护作用：药剂在病原菌未感染蜂体之前，加以消灭或抑制其活动，因而保护了蜜蜂。这些病原体可能生长在蜜蜂生活的环境中如饲养过病群的蜂箱或接触过病群的蜂具、巢脾的表面，消毒这些器具的表面即可把贮存的病原体消灭。

治疗和杀菌：药剂的治疗、杀菌，实际上也是起保护蜜蜂的作用。因为蜜蜂个体一旦被感染，并已表现了症状，即使在药剂的作用下，已感病的蜜蜂个体是不会康复痊愈的，这与哺乳动物和许多禽畜不同。许多药剂与病原体接触时，部分病原体被杀死，部分抑制了它们的活动，如病原菌的孢子不能萌发，但当药剂消失或被冲洗以后，部分细菌又可以恢复它的活动能力；有的只是制止病原菌的繁殖。

③ 药剂防治的优缺点

优点：可在短期内见效。有的一种药剂可兼治多种病虫害；通常防治方法容易掌握。

缺点：因为蜜蜂也是昆虫，其产品为食品，所以有许多药剂不能直接使用于蜂群防治；药物残留量严重影响蜂产品品质；用药后对其残留量检查操作较复杂费时；许多病毒病药物治疗效果不好。

④ 消毒。

场地消毒：在选择好摆蜂场地后，环境要打扫，可用5‰的石灰水喷洒场地。

蜂具消毒：蜂箱、巢脾、巢框等易燃物，可用百货商店销售的具有消毒作用的清洁剂，按说明使用。消毒后的蜂具在使用前应充分用清水冲洗，通风晾干，清除异味。铁制蜂具（起刮刀、割蜜盖刀等）可用火焰燃烧表面的方法进行消毒。上述方法适于各种病原物污染的蜂具。

⑤ 在必要的情况下按规定使用化学药剂治疗蜜蜂疾病。

（5）药物治疗应注意的事项

① 使用绿色蜂药。很多中草药对蜜蜂病害有一定的防治作用，因此提倡使用中草药。

② 严禁对生产群使用药物治疗。在蜜源植物开花期一个月内和开花期间，严禁对生产群用任何药物，在万不得已的情况下，需进行防治的，该蜂群不能作为生产群使用。可视不同药物实行不同休药期，等休药期过后，把巢脾全部换掉，才能恢复作为生产群。

③ 严禁把抗生素当"灵丹妙药"，要结合饲养等措施对蜂病防控。

④ 严禁盲目用药。

⑤ 一定要严格执行国家有关规定允许使用的药物（包括抗生素和消毒剂等）和用量。

⑥ 改变用药方法。由于中蜂发生的病害主要为幼虫病，因此可把药物混于花粉中饲喂。

## （三）中蜂常见的病害及防治方法

中蜂的病害可分为传染性病害，如囊状幼虫病、欧洲幼虫腐臭病；非传染性病，如农药中毒等。敌害主要是巢虫、胡蜂和蟾蜍等。主要为囊状幼虫病、欧洲幼虫腐臭病和巢虫为主，简称"两病一虫"。

### 1. 中蜂囊状幼虫病

囊状幼虫病是一种由病毒引起的病害。西方蜜蜂对此病有较强的抵抗力，得病后病状很轻，能够自愈，不会造成严重损失。包括中蜂在内的东方蜜蜂，对这种病的抵抗力则很差，很容易暴发流行。1972年，中蜂囊状幼虫病首先在广东暴发，全省40多万群中蜂就有30多万群遭到毁灭，造成了巨大的损失。此后蔓延到其他省份，致使全国的中蜂群数急剧下降。当中蜂囊状幼虫病首次在广东暴发时，蜜蜂在短期内就病毁，很多养蜂者手足无措，欲哭无泪。经有关科研单位调查研究，确认此病是由病毒引起的中蜂囊状幼虫病，并提出了一套综合防治措施，才使病害得到控制。近年来，此病在广东发生较严重，有暴发流行的可能。

（1）病原 为囊状幼虫病病毒。这种病毒在活体外失毒的温度为59℃热水中10分钟，70℃蜂蜜中10分钟；在室温干燥状态的病毒可存活3个月；在阳光照射下，干燥状态的病毒可存活4～6小时；夏天室温条件下，在蜂蜜里的病毒可存活1个月。

囊状幼虫病的病毒传染性很强，主要通过工蜂的采集活动和饲料、蜂具及检查蜂群人为活动等进行传播。

（2）症状 此病多为5～6日龄幼虫发病，于封盖前后死亡，死虫封盖后，被工蜂打开，死亡幼虫露出尖头状（图11-1），故也称"尖头病"。虫体黄灰色，尸体不腐烂，无黏性，无臭味。幼虫表皮下充满水状液体，外面由表皮包着，用镊子夹出时，幼虫形成一个囊状体（图11-2）。

本病周年都可发生，以气温低于26℃时发生

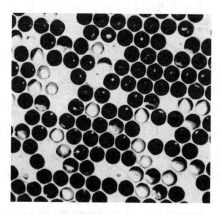

图 11-1　中蜂囊状幼虫病症状（出现尖头大幼虫）

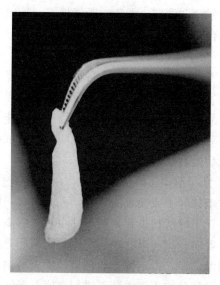

图 11-2　中蜂囊状幼虫病症状（病虫夹出呈囊状）

较严重。在一年中，以 3～4 月和 9～11 月发生较严重。饲料不足的蜂群、弱群发病较严重。中蜂发生此病有急性型和慢性型两种，急性型发病来势凶猛，幼虫在短时间内大量死亡，成蜂情绪不安，不护脾，易螫人，易逃跑。如不及时治疗，一个月后整群蜜蜂全部死亡。慢性型病状不明显，开箱检查时往往可见几条到十几条病虫，气候好转时病状会自然消失，气温下降时病情又复发，气候恶化和管理不善时，可以转变成急性型。本病往往跟欧洲幼虫病同时发生。

（3）防治方法　目前对中蜂囊状幼虫病尚无特效的治疗药物，在防治上主要以选育抗病品种为主，加强蜂群管理，发病时断子换王，辅以药物治疗等综合防治措施。

① 选育抗病品种。在病害流行季节，那些发病轻或不发病的蜂群可作为种群用来培养蜂王，用以替换生病蜂群的蜂王；在选育过程中，要注意杀死病群的雄蜂，经过连续几代的筛选，就能大大提高蜂群对此病的抗病力。实践证明，选育抗病品种是对此病最有效的预防方法。

② 断子清巢。蜂群发病时，一定要断子清脾。可通过幽禁蜂王或换王的方法，人为造成一段时间断子，让工蜂清扫巢脾，减少幼虫重复感染，在断子时，要对蜂箱和巢脾进行消毒。蜂箱和巢脾的消毒可用漂白粉、稳定性二氧化氯、次氯酸钠，也可在卫生防疫站购买消毒药剂进行洗刷、浸泡，这些消毒药剂多数有较强的刺激性气味，洗刷后要用清

水充分冲洗。蜂箱洗刷完后可在太阳下晒 6～8 小时再使用。巢脾在冲洗完后要隔 1～2 个晚上再放回蜂群里。对于生病严重的蜂群，蜜蜂已无能力清巢，应把巢脾烧毁，另调无病或经消毒过的巢脾给蜂群。

③ 加强蜂群管理。合并弱群，做到蜂多于脾；加强保温，保持蜂群有足够的饲料，必要时进行救助饲喂，救助饲喂要用白砂糖，不要用蜂蜜。要注意喂一些蛋白质饲料和维生素类等。

④ 药物治疗。本病以中草药的治疗效果较好，凡有清热解毒的中草药都有一定疗效。一些抗病毒的药物也有一定效果。

A. 半枝莲 15 克，虎杖 10 克，贯众 15 克，桂枝 5 克，甘草 8 克，蒲公英 10 克，野菊花 15 克，金银花 20 克。

B. 华千金藤（又叫海南金不换、山乌龟、入地乌龟等，图 11 - 3）50 克。

将上述任一配方加水充分煎煮后过滤，按1∶1加入白糖做成糖浆喂蜂，每剂药可喂 30～40 脾蜂。连续喂 5 个晚上，每群饲喂量以当日食完为宜。

在此病刚发生较轻时，在使用上述药物的同时，金刚烷胺和酞丁胺等对此病也有一定的疗效。将这些药物混在糖浆或花粉中饲喂蜜蜂即可。如果单独使用，每一成年人的使用剂量可用于治疗20～30 脾蜂，如和中草药一起使用，可减少 1/3～1/2 剂量。但使用西药治疗后，该蜂群不能用于生产蜂

图 11-3  华千金藤

蜜。如果同时发生欧洲幼虫腐臭病，要同时用抗生素进行治疗。

### 2. 欧洲幼虫腐臭病

（1）发生情况  欧洲幼虫腐臭病（European foulbrood）是感染中蜂幼虫的一种细菌传染性病害，其传播迅速，危害性大。该病由 Cheshire 和 Chevne 于 1885 年首次系统报道，目前广泛发生于世界几乎所有的养蜂国家。1944 年，日本将患有欧洲幼虫腐臭病的蜂蜜运到广州出售，广州和周边的养蜂人买来这种带有欧洲幼虫腐臭病病菌的蜂蜜用于喂蜂，造成蜂群发病，且向各地传播。20 世纪 60 年代初南方诸省相继出现暴发此病，随后蔓延至全国。

（2）病原　目前对欧洲幼虫腐臭病致病菌有了一致的认识，即蜂房球菌为致病菌。该菌单个的形态为披针形，直径 0.5～1 微米，革兰氏染色阳性，常结成链状或成簇排列。病菌对不良环境的抵抗力很强，在干燥虫尸里其毒力可保持三年；在室温下，菌体处于干燥状态时，可存活一年半；在巢脾或蜂蜜里可存活一年之久。

被病菌污染的饲料是此病的主要传播来源。病菌传播主要是蜜蜂的采集活动和养蜂者不合理的操作。

此病全年都可发生，但以低温阴雨天或蜂箱内湿度大时发病较重，弱群和饲料缺乏的蜂群发生也较严重。

感染欧洲幼虫腐臭病的蜜蜂幼虫有许多次生菌，这些次生菌能加速幼虫的死亡。最常见的次生菌为龙瑞狄斯杆菌。另一个常见的次生菌是粪链球菌，由蜜蜂从野外带入蜂箱。寄生于病虫后，引起酸味。另一个常见的次生菌是蜂房芽孢杆菌，该菌寄生病虫后，产生难闻的臭味。

在死虫的干尸中，只有蜂房球菌及蜂房芽孢杆菌的芽孢能长期存活。

（3）症状　欧洲幼虫腐臭病一般只感染小于 2日龄的幼虫，通常病虫在 4～5 日龄死亡、腐烂。死亡幼虫开始呈灰白色，不饱满，无光泽，以后死虫呈黄灰色至黑褐色，变褐色后，幼虫气管系统清晰可见。随着变色，幼虫塌陷，似乎被扭曲，最后在巢房底部腐烂、干枯（图11-4），成为无黏性、易清除的鳞片。虫体腐烂时有难闻的酸臭味。发病严重时，整张巢脾幼虫死亡，成蜂离开巢脾附于箱壁，甚至飞逃。发病较轻时，仅有部分幼虫死亡，很快被工蜂清除掉而形成空房，有时蜂王又在巢房里产卵，这时可见有幼虫，但虫龄参差不齐，封盖子很少，零散分布不成片，有部分巢房为空房，形成所谓"插花子脾"的现象（图11-5）。

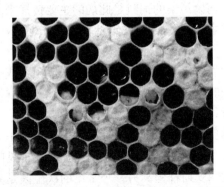

图11-4　中蜂欧洲幼虫腐臭病（病死幼虫烂在巢房中）

图11-5　中蜂欧洲幼虫腐臭病（插花子脾）

（4）防治 此病与环境条件和蜂群状况关系密切，防治上应着重加强管理，发病时用药物治疗。

① 加强饲养管理。合并弱群，补充饲料。加强保温，保持放蜂场地和蜂箱干燥。

② 换王，造成一个短暂的断子时期，给内勤蜂足够时间清除病虫和打扫巢房。

③ 取出销毁病群内的重病脾或严格消毒后再使用。

④ 药物治疗。本病为细菌感染引起，用抗菌素治疗可以得到较好的效果。常用土霉素（0.125克/10框蜂）或四环素（0.1克/10框蜂），配制成含药花粉饼或抗菌素饴糖喂饲。含药花粉的配制：上述药剂及药量，将药物粉碎，拌入适量花粉（10框蜂取食 2～3 天量），用饱和糖浆或蜂蜜揉至面粉团状，不粘手即可，置于巢框上框梁上，供工蜂搬运饲喂。如果蜜蜂不取食花粉，可将药物先用水溶解，然后混在不高于 40 ℃的糖浆里，搅匀后喂蜂。如果蜜蜂不取食糖浆，可以将药物加于稀糖水中，用喷雾器对巢脾喷雾，注意喷头不要直对巢脾，应斜喷，以免药物直接喷到幼虫身上，造成药害。在发生严重、上述药物效果不明显而万不得已的情况下可用青霉素，每脾蜂给药 2 万单位。

用上述药物后，一定要严格执行休药期，过了休药期后，换掉原有巢脾，才能作为生产群。

## （四）蜜蜂农药中毒的防治

随着农业科学技术的发展，农药在农业生产上的应用越来越多，使用的范围越来越广，杀虫剂、除草剂等的用量也越来越多，蜜蜂产生农药中毒现象也越来越严重。蜜蜂农药中毒一发生，很难用药物救治，造成的损失也很惨重。轻者群势下降，重者除采集蜂大量死亡外，巢内的幼蜂和幼虫也大量死亡，甚至造成整群或全场覆灭，这种事例已不少见。为了保护蜜蜂，一些发达的国家已制定法规，强制种植者施用农药时要与植物花期错开，对需蜜蜂授粉的农作物施用的农药种类也加以限制，且规定因施用农药引起蜜蜂中毒的，要负责赔偿养蜂者损失等规定。

### 1. 农药中毒的症状

（1）蜜蜂突然大量死亡，群势越强的蜂群死亡越多，以外勤蜂死亡为主，有时可见死蜂携有花粉团，严重时在采集线路上到处可见死蜂。

（2）中毒的蜜蜂有时在巢门前地上打转，身体抽搐，死亡后两翅膀张开，吻向外伸出。

（3）蜂群情绪暴烈，爱螫人，箱底有时可见死蜂或瘫痪、无力上脾的蜜蜂。严重时，幼虫也会产生中毒，从巢房中脱出，通常叫"跳子"。

（4）近年来，新烟碱类的农药（如吡虫啉、啶虫脒、烯啶虫胺等）和百草枯等大量使用，引致蜜蜂中毒（图 11 - 6，图 11 - 7）。出现工蜂抓脾不牢，提脾时，工蜂往箱底或地下掉落，伸吻现象不明显，只有个别工蜂产生。

（5）有些具有杀虫卵的农药，可引致在一段时间内蜜蜂的卵不孵化。

图 11-6　工蜂中毒后死亡（吻伸出）

图 11-7　蜜蜂中毒后，工蜂在地面上死亡

**2. 农药中毒的预防和急救**

由于农药中毒一发生很难救治，因此应强调预防为主的原则。

（1）预防措施

① 充分了解蜂场附近作物区蜜源植物的开花期和施用农药的时间，以确定蜜蜂最佳进场时间。如开花前期有可能产生农药中毒，应舍弃早期花，采集中后期花。

② 加强与种植主的联系和协作。植物开花前

期应施残效短、对蜜蜂毒性低的农药。开花期一定
要施用农药时，种植主应提前三天通知蜂场主，以
便采取措施。必要时，可在农药中加入一些对蜜蜂
有驱避作用的驱避剂。

③ 关巢门或搬场。蜂场附近有农作物施用杀虫
剂时，应于施药前晚关闭蜂箱巢门，打开气窗，气温
高时要做好通风降温，给蜂群喂水等。缺乏饲料的在
关闭前要补喂糖浆。关闭时间可视杀虫剂种类而定，
一般只能关1~3天。如果施用的农药残效期长、毒
性大，应立即把蜂场搬迁到3千米以外的地方。

（2）急救措施

① 清除有毒饲料。将巢脾上所有的饲料糖全
部清掉，巢脾用2%的苏打水浸泡10小时，再用
水冲洗，用摇蜜机把水摇干净，晾干后放回巢里，
然后改用绿豆甘草糖浆水喂蜂。

② 饲喂解毒药物。根据不同农药采用不同的
解救药物（其用药品种与人农药中毒一样），如系
有机磷农药（1605、1059、乐果和敌敌畏等）中
毒，可用0.1%~0.2%解磷定溶液或0.05%~
0.1%的硫酸亚托品喷脾；有机氯农药（如狄氏剂、
艾氏剂、氯丹和毒杀芬等）中毒，可在250毫升的
蜂蜜水中加入磺胺噻唑钠3毫升或片剂1片用水溶
解，搅拌均匀后喷喂中毒的蜂群。新烟碱类农药中
毒目前尚未有有效解药。

## （五）蜜蜂的敌害及防治

蜜蜂的敌害，是指骚扰蜂群、破坏巢脾或捕食

蜜蜂的一些动物。中蜂的敌害主要有大蜡螟、胡蜂和蟾蜍等。

## 1. 大蜡螟的防治

（1）大蜡螟及其危害

大蜡螟，俗称巢虫或蜡蛾，对中蜂的危害性很大。巢虫有两种，即大蜡螟和小蜡螟，危害中蜂的主要是大蜡螟，小蜡螟以危害储藏的巢脾为主，对中蜂不构成危害。

大蜡螟（图11-8）的成虫把卵产在蜂箱的各种缝隙里，初孵的幼虫通过巢框的框耳钻到巢脾里面，在巢脾中蛀食，形成一条条"隧道"（图11-9），把巢脾毁坏，同时咬伤蜜蜂的幼虫和封盖的蛹，蛹死亡后封盖被蜜蜂揭开，形成"白头蛹"（图11-10），轻则影响蜜蜂繁殖，重则引起蜂群飞逃。据在广东省的调查，由大蜡螟危害造成的经济损失占饲养蜜蜂收入的24%以上。

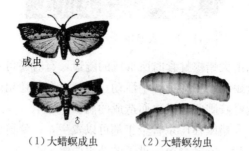

（1）大蜡螟成虫　　（2）大蜡螟幼虫

图11-8　大蜡螟成虫和幼虫

由大蜡螟危害所产生的症状比较明显，主要是巢脾上出现不连片的白头蛹，把巢脾对着阳光，可

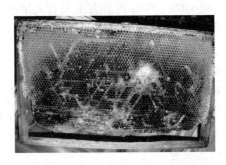

图 11 - 9　大蜡螟在没蜂的巢脾上形成的隧道

图 11 - 10　大蜡螟危害形成的白头蛹

见到由大蜡螟蛀食时所形成的隧道，有时还可见到大蜡螟的幼虫在巢脾中活动；巢脾上有时还出现由于蜜蜂咬脾驱赶巢虫而造成的洞。

　　大蜡螟在广东省全年都可以发生，以蜂群度夏出伏后，蜜蜂育第一批子的幼虫受害最严重，一些缺乏饲料和群势较弱的蜂群受害也比较严重。

　　(2) 大蜡螟的防治

　　对大蜡螟的防治，主要以综合防治为主，一般可采用下列措施进行。

① 常年饲养强群。群势较强的蜂群，工蜂能及时发现大蜡螟的幼虫，并通过咬脾的方式，把大蜡螟的幼虫咬掉。

② 搞好蜂箱清洁卫生，定期清除蜂箱内的残渣和蜡屑，并及时焚烧或深埋；糊补好蜂箱缝隙。

③ 晒脾和换脾：对无糖无蜜蜂幼虫的巢脾，可抽出来放在水泥地上让太阳晒，大蜡螟的幼虫会被晒死或从巢脾中跑出来，晒完后把巢脾放回蜂群里。大蜡螟幼虫只有取食蜜蜂的旧巢脾才能完成其生长发育，因此要注意把旧巢脾换掉，换出来的旧巢脾要及时化蜡，一般要求每年更换巢脾1～2次。

④ 保持充足的饲料糖。大蜡螟的幼虫身上一沾上蜂蜜后，会因气孔被堵塞而窒息死亡。因此，保持蜂群有充足的饲料，可减轻大蜡螟的危害。

⑤ 安装阻隔器，阻止幼虫上脾途径：阻隔器由上大下小两个不同口径的塑料小帽组成，上下帽的中间由一根中空的小管连接，帽的里面涂有高效低毒杀虫药膏。把蜂箱两头放巢框的木板降低2厘米，每头装上两个阻隔器，用小螺丝从中管把阻隔器固定在蜂箱上，阻隔器上加一条比蜂箱宽度略短的小长木条，巢脾就放在小木条上。要注意的是阻隔器的上部、小木条和巢脾都不能碰到蜂箱，这样才能有效地阻断大蜡螟幼虫上脾途径。装上阻隔器后，每年应把阻隔器里的药膏换2～3次，且要经常检查蜂群，去掉与蜂箱壁接触的赘脾。

**2. 胡蜂的防治**

胡蜂是蜜蜂的大敌，以山区蜂场受危害最严重。广东省每年的 3 月到 11 月，对蜜蜂都可发生危害，但当外界缺乏蜜粉源植物开花时，胡蜂缺少花蜜和花粉为食（多为 7～10 月），转而捕食蜜蜂（图 11 - 11，图 11 - 12）。

图 11 - 11　胡蜂的巢

图 11 - 12　胡蜂在蜂箱前捕食蜜蜂

危害蜜蜂的胡蜂有几种，以黑盾胡蜂最凶、最多、危害最严重。胡蜂一般在土穴或树上筑巢，它们常成群在蜂箱门口徘徊，看准时机，叼住蜜蜂，飞到附近的树上咬食，严重时多只胡蜂结伙攻入蜂箱内，咬死蜜蜂，将巢内的蜜粉洗劫一空，蜂群被迫飞逃。对胡蜂可用下列方法防止。

（1）在缺蜜时期，缩小巢门至仅能容一只蜜蜂进出，防止胡蜂侵入。

（2）人工扑杀。加强蜂场巡视，发现有胡蜂时用拍子或长薄板扑打。

（3）蜂蜜诱杀。用一光滑大口的透明瓶子或水杯（瓶高 15 厘米以上，口径 8～10 厘米），盖上打几个能让胡蜂钻进去的小洞，里面放一层蜂蜜，置于蜂场附近胡蜂飞行的线路上，胡蜂即会前来取食而淹溺于蜂蜜中。刚开始时应注意赶走蜜蜂，当有胡蜂取食淹溺后，蜜蜂一般不会去取食。也可在胡蜂来取食时，用剪刀把它剪杀。

（4）巢穴毒杀。当找到胡蜂巢穴后，可在夜间用农药灌杀，对在树上筑巢的可在夜间用农药喷杀或火烧。使用的农药应选用击倒性强的触杀剂，如DDVP、除虫菊酯类等。

（5）毒饵诱杀。可把农药拌于切碎的蛙肉里，用盘盛放，置于蜂场附近，胡蜂取食后即中毒死亡；如选用毒性较慢的农药，还可由胡蜂取食后带回巢中，引起全巢死亡。

（6）白天先准备一个透明的玻璃瓶，瓶内置少量具熏蒸作用的农药粉剂（如林丹），在蜂场用捕虫网捕捉胡蜂，将被捉胡蜂引入药瓶中，盖上瓶盖，任其振翅约 3～5 秒钟，开盖，让胡蜂将药剂带回蜂巢，毒杀巢内胡蜂。一般一巢胡蜂有十余只带药回巢，即可毒杀整群胡蜂。在胡蜂危害季节，在蜂场连续数日处理，可使来犯胡蜂数量明显减少。注意，在药瓶中不宜让胡蜂振翅太久，否则胡蜂接触药剂量太大，会死亡于回巢的路上。

### 3. 其他昆虫的防治

对蚁类可用铁架将蜂箱垫高，同时在地脚套上瓶子，在瓶内置少量废机油，即可防止蚁类进蜂箱。

对蜂箱小甲虫等鞘翅目甲虫类，维持蜂群的强群是最好的预防方法；一旦危害蜂群，可用熏蒸的方法处理。能脱蜂的，可采用熏蒸巢脾的方法；不能脱蜂的，可用燃烧烟叶的方法熏蒸。

对蝇类中的蜂虱，用熏蒸的方法。可用烟叶燃烧的烟熏蒸，也可用甲酸熏蒸。其他蝇类则用诱杀的方法，蝇类一般在侵害蜂群时，喜停落在蜂箱大盖顶部，待机侵害蜜蜂，可在蜂箱顶部置水盘或置粘蝇纸捕杀。

### 4. 蟾蜍的防治

蟾蜍又叫癞蛤蟆，它白天隐匿在草丛中或石缝、烂砖头堆里，晚上爬到蜂箱巢门前捕食蜜蜂，一只蟾蜍一个晚上可捕食几十只到上百只蜜蜂。在广东省，4～10 月都可见蟾蜍活动，因此其危害性很大。对蟾蜍的防治，可采用下列方法：

（1）除草清场，不让蟾蜍有藏身之地。

（2）用支架把蜂箱支高离地 50 厘米以上，使蟾蜍捕不到蜜蜂。

（3）可在晚上进行捕捉，把捕捉到的蟾蜍集中在一起送到离蜂场 1 千米以外的地方放掉，连捉几个晚上，可基本控制危害。也可在蜂箱巢门前挖一个 40～50 厘米深的坑，坑底大于口，当蟾蜍前来捕食蜜蜂时，就会跌于坑里上不来，第二天把它们捕捉后到远离蜂场的地方放掉。

**5. 鸟类和哺乳类危害**

（1）鸟类　鸟类是人类的益友，在我国几乎所有的鸟类都是国家保护动物，人人都有爱护的责任，若出现鸟类大量捕食蜜蜂，则只有迁场躲避。

（2）哺乳类　山林里的黄喉貂、熊、猴等均为国家二级保护动物，禁止捕杀，在选定蜂场时应注意避开，一旦发生危害，只能迁场躲避。

# 十二、 中蜂的诱捕、收捕和过箱技术

## （一）野生蜂的诱捕

在山区，有很多中蜂在野生状态下生存着，家养的蜜蜂也常发生飞迁或飞逃到野外筑巢生活，因此分蜂季节在野外用诱捕箱很容易收捕到蜜蜂，对收捕回来的蜜蜂只要加强管理，当繁殖到一定群势的时候就可以进行过箱，既可解决蜂种的来源，又可成为生产群，对养蜂者来说是很有利的。

**1. 诱捕地点的选择**

野生蜜蜂喜欢找能避风吹雨淋、阴凉透气、冬暖夏凉、蜜粉源植物丰富和目标明显的地方筑巢。在广东省，野外的蜜蜂多在丘陵山坡、坐北朝南的山腰生活，在岩洞中或孤独大树的树洞里或树下筑巢，一些坑边泥洞也常常是野生蜜蜂居住的地方。因此，选择这些地方诱捕野生蜂的成功性较大。

**2. 诱捕时间的选择**

蜜粉源植物丰富，蜜蜂繁殖高峰产生分蜂的季节，是诱捕蜜蜂的最好时间。在广东省，上半年3～6月、下半年10～12月较容易诱捕到野生蜜蜂。

**3. 诱捕的方法**

① 诱捕箱的准备　可选择干净、无异味（如木

材和油漆气味等）的木箱为诱捕箱（图 12-1）。为方便以后过箱，箱的底板可用铁钉稍为钉上，不要太紧，以搬动时不会掉出来即可。在底部钻 1~2 个手指粗的小孔，作为蜜蜂进出的巢门。然后，把蜜蜂的旧巢脾煮溶，在蜂箱里涂上一薄层，增加对蜜蜂的吸引力。用养过蜜蜂的旧蜂箱作为诱捕箱效果更好，在箱里放几个穿了铁丝的巢框，对今后过箱更为方便。

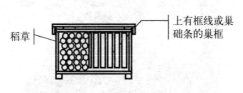

稻草 ——｜ 上有框线或巢
　　　　　 础条的巢框

图 12-1　诱捕箱示意图

② 诱捕箱的放置　蜜蜂喜欢在目标明显的地方筑巢，因此应把诱捕箱放在一些目标明显的地方，如单独的大树底下（图 12-2）、屋檐下、山腰大石头下等（图 12-3），当在一个地方收捕到蜜蜂后，以后在同一地点收到蜜蜂的可能性较大。诱捕箱的上面要用树叶杂草等遮盖，以防日晒雨淋，可用绳子把诱捕箱吊在树干上，或用支架把箱支离地面 50 厘米以上，以防敌害的侵袭。在同一地方，尽可能多放一些诱捕箱。

放置诱捕箱后，要注意经常检查，最少一周检查一次。如果发现有野生蜜蜂进箱筑巢，可在晚上关上巢门，搬到方便管理的地方，用借脾的方法进行过箱。如当地蜜源条件较好，管理也较方便，可不动它，待其繁殖到一定程度后再进行过箱。

图 12-2　放于树上和树下的收捕箱

图 12-3　放于岩壁下的收捕箱

## （二）野生蜂的收捕

收捕野生中蜂是利用自然资源解决蜂种缺乏既经济又有效的方法。在我国有些地方野生中蜂的资源十分丰富，开发利用这份宝贵的蜂种资源，对发展养蜂生产，尤其是发展贫困落后、偏僻山区的养蜂业，开辟致富道路有重要的作用。

### 1. 收捕前的准备

蜜源流蜜盛期和分蜂季节是收捕野生中蜂的最好时期。此时不仅蜂群活动频繁，分蜂群多而易于收捕，而且收捕到的蜂群容易驯养。因此，在此期到来之前就要做好场址选择、蜂箱蜂具添置、收捕工具制作等必要的准备工作。

收捕野生中蜂的蜂箱最好是以前养过蜂、干净、无缝隙、带有蜜蜡香味的蜂箱。没有蜂箱时用蜂桶、竹筐等器具也行。蜂场最好设在避风向阳干燥的场地。

收捕前要准备好收捕工具，包括刀、斧、凿、锄、面网、喷烟器、防螫手套、收蜂器和收捕箱、盛蜜容器等。

### 2. 收捕方法

收捕野生中蜂的方法很多，大体上可以分为猎捕和诱捕两大类。两种方法都有很好的效果，要因时、因地制宜，选择使用。

猎捕是指依据野生中蜂的营巢习性、采集飞行规律以及当地的自然地理、生态条件，主动地去搜寻野生中蜂的蜂巢，从而达到收捕的目的。

　　猎捕一般在气候暖和、外界蜜粉源丰富的季节进行，晴日的9～11时最好。

　　(1) 野生蜂的搜寻

　　搜索树洞，观察树洞洞口有无蜜蜂进出。

　　追踪在外活动的工蜂。猎捕时，首先要通过跟踪采集回巢的工蜂来寻找野生中蜂的蜂巢。通常那些飞行缓慢而成直线、飞翔时发出的声音闷而浑浊、尾部略为下倾的大多为采集后回巢的工蜂；飞行迅速、飞翔时发出尖声、身体摇摆呈之字形飞行、飞向蜜源的是出巢蜂，从山坡或野外飞向蜜源场地的是野生出巢蜂，可以循其飞来的方向去寻找蜂巢。追踪的方法有以下几种：

　　① 追踪飞翔蜂。在山谷口，观察蜜蜂的飞翔路线，然后沿蜜蜂飞翔方向每次前进30～50米，逐段跟踪，最后找到蜂巢，采集蜂回巢时的转圈和飞翔高度可作为判断蜂巢的依据。若采集蜂起飞时只打一个圈且飞行高度在3米左右，表明蜂巢在250米左右处；若起飞时转3圈，飞翔高度在4～6米，表明蜂巢在2.5千米以外（图12-4）。

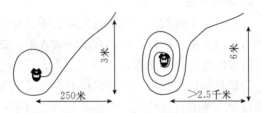

图12-4　蜜蜂转圈和飞翔高度与蜂巢距离示意图

② 挂蜜燃脾引蜂。于高地开阔处 2 米左右高的枝条上挂上蘸有蜂蜜的树枝叶，同时燃烧一张废旧巢脾，招引蜜蜂，在相距数十米远处用同样的方法设一招蜂点，如果引来了蜜蜂，在两个地点同时观察吸饱蜜汁后的蜜蜂飞行路线，两条飞行路线的交点附近便可找到蜂巢所在地（图 12-5）；或直接在高地用锅煮蜂蜜，利用散发的蜜香味引诱蜜蜂来采集。

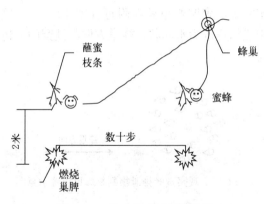

图 12-5　挂蜜燃脾引蜂示意图

③ 跟踪采水蜂。入山寻蜂时，在有积水的沟边和水溪边细心观察，发现采水蜂就表明蜂巢最远不超过 1 千米。可根据采水蜂的飞翔动作判断蜂巢位置：采水蜂起飞和下降时表现为转圈飞行，飞来时逆时针方向转圈，回巢时是顺时针转圈，表明蜂巢在山的左边；若转圈方向与上述相反，则表明蜂巢在山的右边（图 12-6）。

④ 观察蜜蜂排泄物判断蜂巢位置。蜜蜂排泄

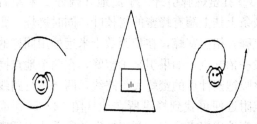

图 12-6　跟踪采水蜂示意图

习性为飞行中排泄，在地表可留下踪迹。若排泄物
分布密集，表明蜂巢就在附近（图 12-7），单滴
的排泄物痕迹为水滴状，蜂巢方向与钝圆的一边同
方向。

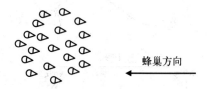

图 12-7　观察蜜蜂排泄物判断蜂巢位置示意图

（2）蜂群的搜捕

① 树洞蜂群的收捕。收捕树洞中的蜂群，可
先用石块或木棍敲打树干，再用耳听蜂声，确定蜂
团的位置。观察树干上蜜蜂的出入口，如有多孔出
入，除上下各留一孔外，其他出入口全部用湿泥封
堵，在上孔绑一布袋或挂一蜂箱，使袋口或箱门紧
挨着上孔，然后从下孔往蜂巢内熏烟或吹进樟脑
油，驱蜂离脾从上孔进入布袋或蜂箱。另一种方法
是用斧凿扩大洞口，露出蜂团，割脾收蜂，采用此

方法时要向蜂团喷洒稀薄蜜水，使蜂安定，防止外逃。有些树木是受国家保护的珍稀树种或古树，收捕营巢在树洞中的蜂群时要经过周密调查，不要随便开凿，以免造成不必要的麻烦。

② 泥洞蜂群的收捕。先把有蜂洞穴四周的野草铲光，再检查洞穴有几个蜜蜂的出入口，除留下一个主要的出入口外，其余的洞口全部用泥堵死。留下的出入口用喷烟器往洞内喷烟，迫使蜂群离开巢脾在穴内集结成为蜂团，然后用锄头把泥洞自外向内徐徐挖开，露出蜂巢，用刀把巢脾依次割下。当蜂群离脾结团时，要用蜂扫尽量一次将整个蜂团扫入收蜂器中。若蜂团过大，一次不能将整个蜂团扫入，应先把有蜂王附着的那一部分扫入收蜂器，防止蜂王飞逃。如蜂王在收捕过程中起飞，可暂停片刻，待蜂王飞回蜂团后再行收捕。

③ 岩洞蜂群的收捕。筑巢于岩洞中的野生中蜂比较难收捕。如果洞口比较大，伸手进洞能摸到蜂团，可以采取与树洞、泥洞相同的方法割脾收捕；如果洞口很小，岩壁较厚，可保留一个主要的进出口，其余的全部用泥土封闭，然后用脱脂棉蘸石炭酸后塞进洞口，置于蜂巢下方，在洞口插入一根铁管或竹管，管的另一端插入蜂箱巢门，箱内预先放 2～3 张带蜜巢脾，洞内蜜蜂耐受不住石碳酸气体的熏蒸，便会纷纷离脾，经空心管爬入蜂箱。等到蜂王爬入蜂箱，而且洞内蜜蜂基本都出来后，即可将蜂箱带蜂群搬回。

## （三）中蜂过箱技术

把养在不能开箱检查的蜂箱或蜂桶、蜂笼中的蜜蜂，用人工的方法转移到活框式的蜂箱中，这种方法就叫过箱。过箱后的蜂群，养蜂者能随时开箱，抽出巢脾进行检查，并对蜂群出现的不同情况采取必要的处理措施。此外，蜜蜂生活在没有巢框的旧式蜂箱中，巢脾不能移动，在收蜜时只能毁脾取蜜，巢脾不能重复使用，每收一次蜜，蜜蜂就要重造一次巢，每个花期只能收一次蜜，产量低，而且毁脾灭子，严重阻碍了蜂群的发展。过箱后，由于使用活框式的巢框，巢脾可随意取出，收蜜时可重复使用，一个花期就可多次收蜜，产量高；收蜜时，不损害巢脾上的蜂子，因此不影响蜂群的发展。

### 1. 过箱的条件

（1）蜜粉源　过箱是强迫蜜蜂迁移，难免造成蜂巢内贮蜜的损失和对蜜蜂幼子的伤害。因此，为了过箱后能使蜂群情绪安定，群势能早日恢复，一定要在外界有较多蜜粉源植物开花时过箱。

（2）气候条件　过箱时，要使蜂巢在蜂箱外暴露一段时间，气温太高或太低都会使蜜蜂的幼子闷死或冻死。因此，过箱应在气温 25～30 ℃、晴朗无风的天气进行，而且要尽量缩短子脾在箱外暴露的时间，才不会造成蜂子闷死和冻死，也不会使蜜蜂情绪暴烈，容易螫人，使过箱能顺利进行。

（3）蜂群条件　要求蜜蜂群势过箱后具有两足

脾以上，脾上有较多低龄的蜜蜂幼虫，贮粉、贮蜜较足，无病虫害等。

**2. 过箱工具**

蜜蜂过箱工具有蜂箱、上了铁丝的巢框、割脾刀（可用水果刀）、垫板（多块）、缚脾用的绳子（可尼龙绳、麻皮等）、收蜂器、面网、喷烟器、装废弃巢脾的桶、毛巾和水盆等，还要一套开箱的工具。

**3. 过箱的方法**

过箱要求快速、动作轻稳利索，最好能在 20 分钟内完毕。因此，过箱最好由三个人协同操作。

过箱有三种方法，即翻巢过箱、原巢过箱和借脾过箱。

（1）翻巢过箱　所谓翻巢过箱，就是将要过箱的蜂巢翻转 180°，使巢脾的下端向上，利用蜜蜂向上的特性，驱赶蜜蜂离脾，使蜜蜂进入收蜂笼或空蜂箱中，然后进行割脾过箱。用这种方法可避免巢脾断折，操作较为方便。凡可翻转或底板和侧板可打开的箱或蜂桶等，都可用这个方法。

① 翻转巢箱。将巢箱搬离原地，在原地放一个空箱，用于收集飞回巢的蜜蜂。把巢箱底部清扫干净，然后翻转 180°，放在平地或另一个空箱上。如果原巢离地较远，可逐日下降到过箱后放置蜂箱的位置，再过箱。

② 驱蜂离脾。打开诱捕箱的底板或蜂桶无巢门的一头，放上收蜂器，敲打箱身或往巢门喷烟，蜜蜂受到烟刺激后，就会离开巢脾，进到收蜂器里

面去（图12-8），最好把打开的一头稍为向上抬高，蜜蜂会更快进入收蜂器。把收蜂器和蜜蜂放在原巢位置上，收集回巢的蜜蜂。

图12-8　赶蜂离脾　（仿张中印）

③ 割脾。用锋利的长刀（如水果刀）从巢脾的基部把巢脾切下来，用手掌承托取出，有用的巢脾可平放在垫板上，不要重叠。无利用价值的巢脾（如无蜜、无子的老脾），可把它放在桶里，留着化蜡。

④ 裁脾。裁脾是把巢脾上利用价值不大的部分切掉，把好的巢脾裁切整齐，便于绑脾。裁脾时，可用一个巢框为规格来裁切，可2～3张脾拼接成一张脾。裁脾的原则：去旧脾留新脾、去蜜脾留子脾和粉脾、去雄蜂脾留工蜂脾、用大面积的脾，去掉小面积的脾，对子脾上的蜜脾要尽量去

掉。裁好的脾，上端应紧贴巢框的上梁，多张脾拼接时，脾与脾之间应紧凑，不能出现间隙。

⑤ 绑脾。绑脾是过箱能否成功的关键，因此一定要绑牢。把上好铁丝的巢框放在裁好的脾上面，巢脾的上端一定要紧贴上框梁，沿每道铁丝的下边用割刀在巢脾上划一条小缝，深度为巢脾厚度的一半（即达巢房的基部），用小刀或小竹片把铁丝压进巢脾里，用绳子在巢脾的下端向上把巢脾绑在上框梁上（图 12-9，在上框梁上打结），最好是两个人协作进行。如果一个框只有一张较大的脾，可绑 2~3 道，如果一个框是由较多巢脾拼接而成，则要多绑一些。绑好的巢脾要求平整、牢固。脾绑好后，用干净的湿毛巾把沾在子脾上的蜂蜜轻轻抹干净。

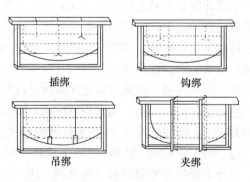

插绑　　　　　　　钩绑

吊绑　　　　　　　夹绑

图 12-9　绑脾上框示意图（仿张中印）

⑥ 倒蜂进箱。把绑好的巢脾放进蜂箱里，子脾大的放在中间，子脾小的放在两边，保留蜂路，依次排列整齐，关上巢门，把蜜蜂对准巢脾用腕力

抖进蜂箱里，盖上箱盖，把蜂群放在原蜂巢的位置上。

⑦ 驱蜂上脾。经过约十分钟，当蜂群安定后就可开箱检查，如果蜜蜂已全部上脾，可盖上箱盖，打开巢门，蜜蜂就开始进行清理死蜂等工作，过箱就已成功。如果蜜蜂不上脾，可用手或蜂扫等赶蜂上脾。过箱完毕后，要把场地用水清扫干净。

⑧ 过箱后的管理。过箱后，如果原地适合继续饲养，就把蜂群放在原地，如果不适合饲养，可于天黑蜜蜂全部回巢后，把蜂群搬到有蜜粉源的地方去。由于过箱时对蜂巢进行了破坏，贮蜜也基本去掉，因此过箱后的当天晚上要对蜂群进行补充饲喂，连续喂2～3个晚上，以保持蜂群的安定和加快蜂群对巢脾的修补。过箱后第二天对蜂群进行检查，发现问题要及时进行处理。几天后，如果蜜蜂已把巢脾修补完毕，就可把绑脾的绳子去掉。在外界蜜粉源条件较好时，应抓紧加脾，逐渐把一些没有利用价值的旧巢脾换掉。

（2）原巢过箱 原巢过箱也叫不翻巢过箱，对于一些不能翻转的蜂巢（如大柜、树洞、墙洞等里面的蜂巢），可用这个方法。先打开蜂巢的一侧（最好是巢脾端头的一侧），往蜂巢里轻轻喷几口烟，驱赶蜜蜂离开巢脾到另一头结团。用一只手托住巢脾，另一只手持刀沿巢脾的基部把巢脾割下来，进行裁脾和绑脾，其操作与翻巢过箱基本相同。当割完脾后，如果能用收蜂器收蜂就用收蜂器，如无法用收蜂器收蜂，可用手捧或用瓢舀蜂过箱。注意不要漏掉蜂王，可先找到蜂王，把它用王笼关起，放到蜂箱的巢脾上，如无王笼，可先把蜂王连少量的工蜂一起舀进蜂箱里。用这种方法过箱后的蜂群，最好把它移到其他地方饲养。

（3）借脾过箱　借脾过箱，是在活框饲养的蜂群里抽出一至几张带有蜜蜂幼虫的子脾到要过的蜂箱里，当蜂群过到这个有子脾的蜂箱里时，比较容易接受，成功率较高。原群的巢脾割下后，把它绑好，放到被借脾的蜂群里或其他群里，也可放在原群，可视具体情况处理。

过箱后的蜂群只要加强管理，能很快繁殖壮大，因此过箱既能解决蜂种的来源，又能增加蜂群数量，每个养蜂者都应熟练掌握。

# 十三、 中蜂的人工育王技术

良种是高产的保证，养蜂要取得高产，就要选择优良的品种，人工育王就是选育良种的方法之一。

什么叫人工育王呢？人工育王就是根据蜜蜂产生蜂王的生物学特性，通过人为的方法，选择各方面性能好的蜂群作为繁殖用的种群，为小日龄的幼虫创造一个良好的营养条件，培育出一大批具有优良性状的蜂王。其做法是用人工的方法制造出人工王台，在王台里移进两日龄以内的蜜蜂小幼虫，把它放到刚除去蜂王的蜂群里，工蜂就会把它作为蜂王来培育，最后培育出新的蜂王。用这种方法育出来的蜂王所繁殖的后代，具有较好的生产性能和抗病、抗逆性能。

## （一）人工育王的条件

### 1. 种群的选择

种群的选择包括选择供移虫育王的种用母群和雄蜂群。蜂王除了产卵外，还通过分泌蜂王物质对蜂群进行调节和控制，雄蜂则决定着蜂群遗传性能的一半。尽管蜜蜂的交尾是在空中进行的，一个蜂王有可能与本场的雄蜂交尾，也有可能跟其他蜂场的雄蜂或野生的雄蜂交尾，但对雄蜂的选择仍很有必要，因为本场的雄蜂与选育出来的蜂王交尾的机会还是有的。严格选择种用母群和雄蜂群，是人工育王的一项很重要的工作。

对种用蜂群的选择，要经过长期的多方面的观察，严格进行。作为种群的条件是蜜蜂个体大，群势强（能维持 4 脾蜂以上），分蜂性弱，生产性能好，抗病性强，性情温驯，巢脾上有充足卵虫脾的蜂群。

### 2. 哺育群的选择

种群是用来提供育王的虫或卵的蜂群，哺育群是用来哺育人工育王蜂王幼虫的蜂群，是培育蜂王的"奶娘"和"保姆"。哺育群要求群势强大，蜂多于脾，有分群的趋势，无病虫害，卵虫脾充足，有雄蜂出现。

### 3. 育王的外界条件

外界条件直接影响蜂群的食物和活动，主要包括蜂场附近的蜜粉源条件、气候条件和地理条件等。

蜜粉源植物是蜜蜂生存的物质基础，因此育王场附近要求有丰富的蜜粉源植物开花，除有主要蜜粉源植物外，还应有一些辅助蜜粉源植物开花，花期要求较长，最好在一个月以上。气候要求温暖，天气晴朗，没狂风暴雨。地理条件要求环境开阔、无大的湖泊和水库，便于处女王试飞和交尾。

## （二）育王前的准备工作

### 1. 蜂群的准备

（1）雄蜂的准备　中蜂的雄蜂，从卵到性成熟期比蜂王长，雄蜂需 32～34 天，蜂王为 19～20 天，因此在育王前的 13～14 天就要大量培育雄蜂。可提前一个多月，从其他蜂群里抽出老熟的封盖子脾加到选好的雄蜂种群中，如果雄蜂种群的群势较大，可把其巢脾抽减，密集群势，造成蜂多于脾，促使蜂群起"分蜂热"，这时可将中间子脾的两下角切下一小块，工蜂就会在两下角造出雄蜂房，蜂王就会在雄蜂房里产下雄蜂卵，培育出雄蜂来。

（2）种用母群的准备　为了避免近亲交配，在移虫前要把种用母群的雄蜂去掉。在移虫前的第四天，抽出一些较旧的巢脾，然后在中间插回一张较新的巢脾，或提前六天左右插入一张新巢础，并适当进行奖励饲喂，让工蜂造脾，蜂王就会在新的巢脾上产下成片的卵，为人工育王移虫提供适量的初孵幼虫。

（3）哺育群的准备　一般采用除王的方法。可在移虫前一天把蜂王提离蜂群或直接除掉，给蜂群造成失王状态，工蜂就有强烈的育王要求。在无王群中插入育王框，工蜂就会马上清理王台基，就可以进行移虫了。

## 2. 工具的准备

人工育王的工具有育王框、纯蜂蜡、蜡杯棒和移虫针等。

（1）育王框　用小木条制成，与巢框相似，长和高与巢框相同，宽为巢框的一半，以便于蜂群的保温。在巢框内等距横装三条可以拆卸的小木条，用来粘贴王台基，叫台基条。

（2）纯蜂蜡　最好用巢脾的封盖蜡，每次收蜜时把割下的封盖蜡收集起来，或把巢脾框梁上出现的赘脾收集起来使用。把纯蜡放在一个小金属杯里，熔化后做王杯。

（3）蜡杯棒　是用来制蜡杯的小木棒，可自己加工。选质地细密、长10厘米的小圆木棒，下端直径6毫米，往上9毫米处开始直径7毫米左右，整个底部呈半球状，在9毫米处划一条横线，蜡杯棒在蘸蜡时以不超出此线为限，使用时先用水浸透，以便于脱下蜡杯。

（4）移虫针　用有弹性的小薄片做成。材料可用钢片、塑料片、牛角片、鹅毛的基部等，剪成小长舌状。

### 3. 人工育王的方法

（1）做蜡杯　蜡杯是人工做的王台基，也叫王杯。将纯蜂蜡煮溶，温度控制在68～72 ℃为宜。把泡过水的蜡杯棒甩干，垂直伸入蜂蜡中8～9毫米，慢慢地提起来，再放进水中冷却，取出后用手轻旋脱下（图13-1）。每做好一个蜡杯，都要把蜡杯棒浸入水中。做好的蜡杯要求底厚口薄，把做好的蜡杯用蜡粘在一条长20毫米、宽10毫米的硬纸片上，再把它用蜡粘在育王框的台基条上，为保证育王的质量，每个育王框一般装3条台基条，蜡杯数以30个以内为宜，底部的台基条可粘上9～11个，中部的台基条可粘上7～9个，上部的台基条可粘上5～7个（图13-1）。

（2）移虫　由于中蜂工蜂分泌的蜂王浆较少，因此在人工育王时要求采用复式移虫的方法，即一

图 13 - 1 做蜡杯

图 13 - 2 把蜡杯粘在育王框的台基条上

次育王要进行两次移虫，以保证有足够的王浆提供给王杯中的小幼虫。

移虫前一天捉走哺育群中的蜂王，移虫前 2～3 小时除去蜂群中所有的急造王台，把上好王杯的育王框插进蜂群中，让工蜂清理和修理 2～3 小时，再把育王框提出来移虫。

移虫可在室内进行，也可在避风、明亮、阳光不直射的清洁场所进行，要求气温 25~30 ℃，湿度 80% 左右的环境条件。

移虫时，从哺育群中提出育王框，从种用母群中提出有较多 1~2 日龄幼虫的巢脾，取下粘有王杯的台基条，在每个王杯的底部滴入一滴蜂蜜，用移虫针从种用母群提出的巢脾中挑出一条 1~2 日龄的幼虫，移进王杯的蜂蜜上（图 13 - 3）。挑虫时，用移虫针轻轻从幼虫的背部下针，再轻轻托起，移进王杯时也要轻轻放下，然后把移虫针稍为向下，轻轻从旁边退出，切勿碰伤幼虫（图 13 - 4）。

图 13 - 3　移　虫

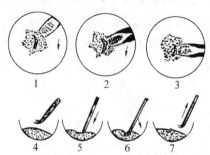

图 13 - 4　移虫方法示图

把移好虫的台基条装回育王框，杯口向下，再把育王框放进哺育群中，插在巢脾的中间，两边的巢脾紧贴育王框，不留蜂路，晚上给哺育群喂糖浆。第二天再把育王框从哺育群中提出来，除去第一天移进去的虫，再从种用母群的巢脾上挑出 1 日龄小幼虫，移进王杯里。由于第一天移虫后，工蜂已向蜡杯里吐了大量的蜂王浆，因此不用再向王杯里滴进蜂蜜。其他的方法与第一天移虫一样。用这样的方法移虫，由于第一次移虫后工蜂向蜡杯中分泌了蜂王浆，保证了第二次移虫有了充足的王浆供其食用。要注意的是，当每次把育王框插进哺育群时，对哺育群的每一张巢脾都要进行检查，把所有的急造王台都毁掉，才能保证哺育群对移进的幼虫有较高的接受率。

移虫后的第六天，当王台封口时还要检查一下蜂群，彻底毁掉巢脾上的急造王台，以免急造王台的处女王出台时咬坏人工育王的王台。移虫后的第十天，要及时地把人工培育的王台分别介绍进需要换王或人工分蜂的蜂群中，否则只要有一只新蜂王先出房，全部王台就会被咬掉或引起分蜂。

当人工培育的王台介绍进其他群时，人工育王就结束了。

# 十四、 中蜂双群同箱饲养技术

在养蜂生产实践中，饲养强群是高产的保证，双群同箱饲养作为一种特殊的饲养技术，可以解决中蜂群势弱、产量低的缺点，使中蜂饲养获得较好的经济效益。

## （一）双群同箱饲养的优点

双群同箱饲养，是在一个蜂箱中同时饲养两群蜜蜂，不同于双王同群，两群蜜蜂尽管处于同一个蜂箱中，但相对独立。

中蜂对当地气候等条件较为适应，饲养强群是中蜂生产的基础，但由于中蜂蜂王产卵力弱、分蜂性强，加上其他的一些原因，中蜂群势近十多年来出现下降的趋势，蜂群繁殖慢，生产力下降，产量低。在山区，冬春季节气温低、日夜温差大，使群势弱，影响繁殖和生产的问题更加突出。

双群同箱饲养有如下优点：

### 1. 有利于繁殖

双群同箱饲养，等于一个蜂箱中有两只蜂王产卵，因此蜂群繁殖力增加。而且，由于两群蜜蜂靠在一起，有利于维持蜂巢中的稳定，这对于蜂群育子要求有稳定的 35 ℃的温度条件创造了基础，有利于蜂群繁殖，对早春蜂群恢复期繁殖更为重要。

**2. 有利于蜂群的采集活动**

由于蜂巢中的温度稳定，可减少外勤蜂从事巢内保温工作，使更多的外勤蜂进行外界的采集活动，而且可早出晚归，延长出勤时间。

**3. 有利于组织强大的生产群**

强群是养蜂生产取得高产的保证，双群同箱饲养的蜂群在大流蜜期到来的时候，只要略加调整，就可成为强大的生产群。

双群同箱饲养的蜂群对解决中蜂群势弱的问题有一定作用，而且可以相对减少饲料、蜂箱和运输费用，减少放蜂场地等，是中蜂饲养值得推广的一项技术。

## （二）双群同箱饲养蜂群的组织

**1. 双群同箱饲养蜂群的生物学依据**

蜜蜂群与群之间靠"群味"进行识别，有蜂王存在的蜂群，对它群的敌意更为强烈，但当两群蜜蜂在隔离的情况下互相靠近，经一段时间后就可以降低这种敌意，甚至可以任意调换部分带蜂的巢脾。

**2. 蜂箱的准备**

在做蜂箱时，在蜂箱的两端中间垂直开一条宽约 8 毫米、深约 3 毫米的沟，并做一块隔板，可以把蜂箱从上到下一分为二，再做两个小副盖，每个刚好能盖住半个蜂箱。有的人为图省事，用一张塑料薄膜盖在蜂箱上，用图钉把薄膜钉在蜂箱中间的隔板上，虽然做蜂箱时省事，但在管理操作时会增加一些麻烦，而且在大流蜜期不利于水分排出。

**3. 蜂群的组织**

操作与蜂群合并一样，但要把其中一群的巢门方向先调至与另一群不同，并让蜜蜂适应后进行合并。合并后的蜂群先摆在蜂箱的两侧，等两群蜂适应后再紧靠隔板。也可结合转地饲养在装车前把两群蜂放在双群箱里，到目的地后先打开一群的巢门，等其安定后再打开另一群的巢门。有时也可把一个较强的蜂群人工分蜂分成两群，方法是在事前把蜂箱的前后门都打开，让蜜蜂熟悉后将其一分为二，中间用隔板隔开，介绍一个新的蜂王进无王群中（图14-1）。

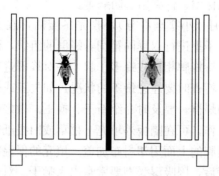

图14-1　把一个蜂群分成两群

刚组织的蜂群，当晚最好喂点糖水，以稳定蜂群的情绪，第二天要观察蜂群的情况，如出现不正常现象要及时处理。

## （三）双群同箱饲养的管理技术

现结合广东省一年四季的变化，将中蜂双群同箱饲养的管理方法介绍如下，各地可根据当地的实际情况进行蜂群管理。

### 1. 春季流蜜期前管理

1～3 月（小寒至春分），是广东省气温最低时期，蜂群处在从繁殖低谷到逐渐恢复再到繁殖高峰的变化过程中。这期间，外界有零星的蜜源植物开花，有利于蜂群的繁殖。但在这期间常有寒流出现，后期多为阴雨绵绵的梅雨低温天气，这种气候条件对蜂群的繁殖存在不利的一面，也最体现双群同箱饲养的优越性。

这时期的双群同箱饲养蜂群管理要点是组织蜂群、抓保温、促繁殖、防病害。

1 月（小寒至春分），收完冬蜜后，在天气良好的日子里进行双群同箱饲养蜂群的组织，两群蜂都要保持蜂脾相称或蜂多于脾，并对蜂群进行全面检查。检查时要注意蜂王的状况，如失王或蜂王有伤残的蜂群，要及时介绍新王、换王。做好蜂群的保温工作，可在隔板外填充干稻草或旧报纸等保温物，巢脾的上面用塑料布加盖。填充的保温物经一个阶段后，因吸湿受潮要常拿出来晒干。对蜂箱盖的缝隙要及时补好，以防止下雨时漏水。对缺乏贮蜜的蜂群要用较浓的糖浆进行救助饲喂。

2 月（立春至雨水），奖励饲喂，及时加脾。这时期，在山区有零星的蜜粉源植物开花，双群同箱饲养的蜂群比一般蜂群较早进入繁殖期，应及早对蜂群进行适当的奖励饲喂，并要注意及时加脾，使蜂王有足够的巢房产卵。

3月（惊蛰至春分），育强群，控分蜂热，防病害。蜂群壮大后，利用育好的处女王换王。有意识培育强群，可在同箱的一群抽调老熟子脾加到另一群，以壮大另一群的群势。随着蜂群的群势不断壮大，两群蜂可从中间相靠摆放转向蜂箱两侧摆放。为防止产生分蜂热，可把弱群分出，再与其他弱群组成新的双群同箱饲养蜂群。也可结合换王，再把强群组成双群同箱饲养的蜂群，既可解除分蜂热，又能促进蜂群的繁殖。这样，有利于在大流蜜期到来时，组织较强群势的蜂群（要求有四脾蜂以上）用于采集生产。

在这个时期，经常出现低温阴雨天气，蜂群很容易发病，要注意做好病害的防范工作。

**2. 荔枝花期的蜂群管理**

4月（清明至谷雨），是收获荔枝蜜的季节。这时期的管理要点是组织强大生产群，适时进场，采集荔枝蜜。

进场采荔枝蜜前要先组织好生产群，群势以4～5脾为宜，蜂脾相称或蜂多于脾。群势太弱，生产力低，群势太强，容易生产分蜂热，也不利于生产。此时如果双群同箱饲养的两群蜂群势仍很弱，可合并为群势较强的生产群。如群势中等，可在进场前装箱时通过调整分成两群，使一群达到较强群势（4～5脾）成为生产群，另一群仍成为繁殖群，或保留现状（双群同箱饲养）。如果两群蜂群势都较强（4 脾以上），则可分开，单群饲养成为生产群。在荔枝花后期，对群势较弱的重新组织成为双群同箱饲养蜂群。

**3. 夏季流蜜前期及夏季流蜜期的蜂群管理**

在广东省，夏季（5～6 月，立夏至夏至）流蜜期的蜜源植物主要是山乌桕和隆缘桉。在流蜜期前，外界有零星的蜜源植物开花，有利于蜂群的繁殖，此期间出现高温高湿的气候条件，并常有暴雨和台风。这期间蜂群的管理要点是前期加强管理，促进蜂群繁殖，注意控制分蜂热的产生；后期除个别特弱蜂群（群势在 2 脾以下）用双群同箱饲养外，到中等群势（3 脾以上）的用单群饲养。在山区因日夜温差，中等群势的蜂群仍可用双群同箱饲养。

（1）加强管理及时加巢础造新脾  如外界蜜粉源不充足，可对蜂群进行适量的补充饲喂，以促进蜂群的繁殖。

（2）组织群势适当的生产群  由于外界温度高，生产群的群势不宜太大，一般以 4 脾蜂左右为好，群势太强，容易生产分蜂热。此时如果双群同箱饲养的群势达 3 脾以上，可改为单群饲养。群势较弱的可把蜂群摆在蜂箱两侧。

**4. 夏秋伏期的蜂群管理**

7～9 月（小暑至白露），是广东省养蜂进入入伏度夏时期。在此期间，天气炎热气温高，缺蜜严重，蜂王产卵减少，甚至完全停止产卵。这时期的管理要点是弱群双群同箱饲养，中等群势以上单群饲养；防高温，防天敌，防巢虫，保蜂群实力，为出伏繁殖做准备。

（1）调整蜂群　抽脾缩巢，对群势较弱的蜂群以双群同箱饲养，注意留足饲料，最好把蜂场迁至有零星蜜粉源的地方，但要注意周围不能有施农药的农作物，以防农药中毒。蜂群要摆放在阴凉通风的地方，蜂箱用杂草等进行遮阳。在度夏期间，要做好防胡蜂、蟾蜍危害的工作，加强对蜂场的巡视，白天拍打胡蜂，晚上捕捉蟾蜍。

（2）补充饲喂要谨慎　在度夏期间，对个别因饲料严重缺乏、有逃跑可能的蜂群，有必要进行补充饲喂，对需补充饲喂的蜂群，可在晚上喂以浓糖浆，喂的量要严格控制，当晚饲喂蜜蜂当晚要取食完，第二天天亮时把饲喂器取出。此外，蜂箱内或蜂场周围应设喂水器，方便蜜蜂采水。

（3）减少和避免开箱检查　在夏季蜜源结束，进入度夏后，要尽量减少开箱检查，应多以箱外观察为主，以减少饲料的消耗和防止盗蜂的产生。

**5. 出伏后及冬季流蜜期的蜂群管理**

从9月中下旬开始到12月底（秋分至冬至），为蜂群出伏后恢复繁殖及进入冬季流蜜期。从9月中旬开始，气温逐渐下降，外界也开始有蜜粉源植物开花，蜜蜂从酷暑的炎夏、缺蜜断子的恶劣环境中度过，进入繁殖恢复期，称为出伏。11月中旬开始，冬季蜜源植物（野桂花和鸭脚木）开始开花，进入冬季流蜜期。这段时期的管理要点是促进蜂群繁殖，培育强群收冬蜜。

（1）全面检查及时奖励饲喂　9月下旬开始对蜂群进行全面检查，把蜂群里多余的巢脾和烂脾抽出，使蜂脾相称。通过整理后此时蜂群的群势多数较弱，基本上都可采用双群同箱饲养的方法。同时，为防巢虫，可把巢脾轮流抽出来，在太阳下晒，把巢虫驱赶出巢脾或晒死；进行奖励饲喂，调动蜂群采集的积极性和刺激蜂王多产卵。

（2）及时加脾扩巢　10月（寒露后），出伏后第一批成蜂已培育出来，这时野外辅助蜜粉源植物开花的种类较多，应及时对蜂群加巢础，让蜜蜂造脾扩巢。加脾时，适当进行奖励饲喂。

（3）早育王，防敌害，重保温　11月初（立冬前），外界辅助蜜源丰富，蜂群繁殖加快，可抽调一些老熟封盖子脾集中给具有优良性状的蜂群，促其提早产生分蜂热，以其作为育王种群，进行人工育王，及时更替老残的蜂王。对群势较强双群同箱饲养的蜂群，可组织成生产群和繁殖群分开饲养，对中等群势的仍适于用双群同箱饲养的方法。在管理上，要注意加强保温和预防敌害。总之，这时期的管理重点是确保有群势强大的蜂群成为冬季蜜源植物的生产群。

（4）花期结束调整群势　除个别强群外，基本上都可组织为双群同箱饲养，并要保持蜂脾相称或蜂多于脾。把蜂路缩小至 0.8 厘米左右，缩小巢门，加强保温。如果当地蜜源缺乏，应把蜂场转至蜜源较丰富的地方。

以上为一年中中蜂双群同箱饲养的管理方法，可结合当地的实际情况，有选择地引用。

# 十五、一种改良的中蜂传统饲养技术

## (一) 中蜂改良传统饲养技术的原理

### 1. 技术简介

过去饲养中蜂都是利用木桶、竹笼、树筒，称为传统饲养。传统饲养的蜂群，巢脾不能移动，毁脾灭子取蜜，严重破坏蜜蜂的繁殖；一个花期只能取一次蜜，产量低，效益差。

自西方蜜蜂引进中国以来，活框饲养技术被应用于中蜂。这种活框饲养技术就称为现代饲养技术。由于巢脾可以移动，可以从蜂箱中取出，一个花期可以多次取蜜，但不适应中蜂的生物学特性，造成蜂群群势下降、多病、繁殖缓慢，其生产的蜂蜜售价也不如传统方法生产的高。对传统饲养技术进行改良，既可利用传统方法饲养，每个花期又可多次取蜜，由于该蜂箱能使蜂群保持在自然环境中的生活习性，故取原生态蜂箱之名。中蜂传统饲养方法的改良，可解决当前中蜂生产中存在群势小、病害多的难题，对山区饲养中蜂也很适应。

三种饲养方式的比较见表 15-1。

**表 15 - 1　三种饲养方式特点比较**

| 项　目 | 传统饲养 | 改良饲养 | 现代活框饲养 |
| --- | --- | --- | --- |
| 蜂箱 | 木桶、竹笼、树筒 | 木桶、竹笼、树筒 | 蜂箱 |
| 巢框 | 无 | 无 | 有 |
| 巢脾 | 一次利用 | 一次利用 | 多次利用 |
| 摇蜜机 | 不用 | 不用 | 用 |
| 产量 | 低 | 中 | 高 |
| 收蜜对子脾影响 | 毁子取蜜 | 不伤子 | 不伤子 |
| 一个花期取蜜次数 | 一次 | 多次 | 多次 |
| 转地 | 不能 | 小转地 | 大转地 |
| 蜂群繁殖 | 快 | 快 | 慢 |
| 对蜂群检查 | 不能 | 局部 | 全面 |
| 病害 | 少 | 少 | 多 |
| 蜂蜜价格 | 中 | 高 | 低 |

**2. 技术原理**

中蜂改良传统饲养技术主要是在蜂箱的中部加上支撑条。其原理如下：

（1）在蜂箱正立状态下让蜜蜂在蜂箱中吐蜡做脾，这时巢脾上部是贮蜜区，下部是育子区，至巢脾的贮蜜区已满并封盖，把贮蜜区切下收蜂蜜，切贮蜜区不超过中间的支撑条。

（2）收蜜后将蜂箱的箱体上下调转，这时育子区在上部，当蜜蜂的幼蜂出房后，育子区变成贮蜜区，蜜蜂可继续贮蜜，下部是已被切除的贮蜜区，蜜蜂就会在此吐蜡做新脾，成为新的育子区，当新形成的贮蜜区已满并封盖，把贮蜜区切下收蜂蜜。以后如此循环操作。

## （二）蜂箱的改造

中蜂改良传统饲养主要是对蜂箱进行改造。蜂箱长×宽×高＝35×35×30，长边为箱体的侧面，宽边为箱体的两头，在箱体两侧面中间平均距离各打两个方孔，横穿两条木条，箱体两头近底部的地方左侧各打两个孔，作为蜜蜂进出的巢门。

蜂箱要求用树龄较大的干燥杉木为材料，厚1厘米以上。刚做好或刚油漆的蜂箱，由于木头和油漆的气味，蜜蜂不喜欢，应打开箱盖，两个月后才使用。

改良的中蜂饲养技术关键在蜂箱侧面中间的两根横木支撑架，它可作为固定巢脾之用。如果家中有木桶、树筒，只要参上述方法，在中间呈十字加上两条硬木条，上下开有巢门即可（图15-1）。

图15-1　加装了支撑架的蜂箱

## （三）中蜂改良传统饲养的管理要点

### 1. 蜂场场址选择

蜂场要选择在地势高燥、背风向阳、温度适宜和远离噪声的地方。距离铁路、公路和大型公共场所500米以上。定地蜂场周围3 000米内要求有丰富的蜜粉源，并有良好的水源。要避开有毒蜜粉源植物。蜂场应选在污染较重的化工区、矿区、农药厂（库）、垃圾处理场及经常喷施农药的果园和菜地的上风头，直线距离3 000米以上处。蜂场应距离糖厂和生产含糖量高的食品工厂3 000米以上。蜂场正前方要避开路灯、诱虫灯等强光源照射。要保持蜂场清洁卫生，在蜜蜂传染病发病期间及时清理蜂尸和杂物，并将清扫物深埋或焚烧，并在蜂场地面撒生石灰消毒。

### 2. 蜂箱摆放

蜂箱要摆放在阴凉、通风、干爽、视野开阔的地方，但不要放在密林的深处，可以在树林的第二到第三排树之间。蜂箱要用支架支撑离地面40厘米（图15 - 2）。

图15 - 2　蜂群摆放

### 3. 引蜂入箱

可把收捕回来的蜂群抖入箱中，盖上盖子，当晚喂以 2：1（2 千克白糖加 1 千克水煮成）糖浆。也可手捧过箱，在原地把巢脾切下来横绑在支撑条上，然后把蜜蜂倒进去。

### 4. 喂糖浆

可放一只碗在蜂箱底下，碗里放多条干树枝，让蜜蜂取食后不会导致淹死。晚上提起箱，倒入糖浆，注意以当晚能食完全为度。也可把糖浆装进冰箱保鲜袋，扎好袋口，于晚上放进蜂箱底部即可。

### 5. 检查蜂群

主要以箱外观察为主。如果蜜蜂出入频繁，飞回来时腹胀，说明外界蜜源植物开花好；如果带花粉回巢的工蜂很多，说明蜂群繁殖好；如果外界蜜源植物开花很好，而蜂群出勤很少，有不少工蜂在巢门口，说明蜂群很快就要分蜂。需要开箱检查时，用手扶住蜂箱从前向后倾斜（千万不要左右倾斜），观看巢脾的底部。

### 6. 喂花粉

蛋白质是蜜蜂赖以生存、繁殖所需的营养物质，当外界缺乏粉源植物开花时，蜂群没有花粉就有可能停止繁殖，蜂群中花粉供应不足时蜜蜂发育不良、抗逆性下降、多病、采集力差。因此，外界缺乏粉源植物开花时，要对蜂群适当补充饲喂花粉。

花粉可以购买现成经消毒的蜂花粉，用水喷湿两个小时后，加入少量糖浆，做成软膏状，放在碟中，放进蜂箱下，让蜜蜂取食。也可把花粉磨成末，放在碟中直接让蜜蜂采集。

### 7. 收蜜

当外界有主要蜜源植物开花时就可以收蜜。收蜜时，打开上盖，如很难打开，可用长水果刀切割。盖子打开后，用一只手抓托蜜脾，用长水果刀切割，不要切过支撑条，保留支撑条上有 2 厘米巢脾，同时要保留粉脾，也尽量保持适量的蜜。割下的蜜要用干净的容器盛放。割完蜜后两天左右，把蜂箱倒置，注意巢门方向要与原来保持一致。

### 8. 转场

用此方法蜜蜂可以小转地到 5 千米以外，但不要超过 100 千米，且运输过程车速不要太快，运行时要尽量保持车身平稳。

# 十六、中蜂健康高效饲养技术

养蜂生产能不能获得好的经济效益，与蜜蜂的抗逆性有很大的关系。

蜜蜂的抗逆性是指蜜蜂对不良环境的适应能力，如对自然条件（温度、湿度、蜜源）和病虫害等的适应性和抗性等。中蜂是广东省目前饲养的主要蜂种，在广东饲养的中蜂普遍存在群势弱、生产性能差、中蜂囊状幼虫病危害严重等问题，这些都与蜜蜂抗逆性有关。

当前，国家对食品安全以前所未有的力度强化管理，对兽药的使用也更加严格控制，几乎所有的化学药品都不能使用。对养蜂来说，可以说已经没有西药可用，只要一经使用，就能从产品中检出，该产品就要销毁。因此，对蜂病应改防治为防控，即预防与控制，这要从提高蜜蜂抗逆性来实现。因此，创造有利于蜜蜂的条件，提高蜜蜂的抗逆性，可减少各种不利因素参蜂群的影响，从而达到强群高产的目的。提高蜜蜂的抗逆性，是提高养蜂经济效益的一项重要措施。

## （一）当前中蜂生产存在的问题及原因

### 1. 存在的问题

（1）种性退化群势小　这个问题是目前困扰中

蜂生产的一个严重问题，很多蜂群的群势一般只能维持在3～4脾，甚至有的只有2脾蜂就产生分蜂；有的蜂群群势不是很强，但连续产生分蜂现象，结果造成群势下降。这与20世纪70年代以前的群势差异很大。

（2）易感染中蜂囊状幼虫病　中蜂囊状幼虫病害发生流行时，无一蜂场可以幸免，严重时，蜂群群势严重削弱和产生飞逃等现象，全场蜂群损失达70%以上。

（3）生产力下降　中蜂只有强群，才有好的生产力。由于群势下降，加上中蜂囊状幼虫病所产生的损失，造成中蜂生产性能下降、经济效益差等。

**2. 造成上述问题的原因**

（1）营养条件改变　蜜蜂要保证正常生长发育，就要有充分的营养保证。蜜蜂所需的营养，是从外界采集所获得的食物（主要为花蜜和花粉）。近20多年来，随着山区的经济开发，自然生态受到严重破坏，蜜蜂赖以生存的蜜源植物锐减，造成蜜蜂食物不足，养蜂为了适应自然环境，采用小群体、多点分布的方式，以扩大采食范围，保证群体的生存和繁衍，因此造成分蜂性强、群势下降。

近年来，天气变化也影响了蜜源植物的正常开花、分泌花粉和花蜜。如2003—2005年冬旱，植物的雄花开花不泌粉或少泌粉，造成蜜蜂营养不足，除影响蜜蜂正常生长和繁殖，也影响蜜蜂的抗逆性（包括对中蜂囊状幼虫病的抵抗力）。

不良的生产方式也影响蜜蜂的性能，很多地方存在不注重蜜蜂营养的掠夺性生产方式，严重破坏了蜜蜂的营养源。如有的蜂农在蜂蜜生产季节，为了产量，见蜜就收，收"水蜜"现象普遍，使蜂巢中没有成熟的富含营养的蜂蜜供给蜜蜂（尤其是内勤蜂）食用，使这些年幼的工蜂先天营养不良，体质虚弱，抵抗力下降；有些人在收蜂蜜时碰上天气不好，还是把蜂巢中的存蜜通通摇出来，取替的是用只含碳水化合物不含蛋白质等营养物质的蔗糖水。这样，留给蜜蜂的是一些仅能果腹的"粗粮"，蜜蜂食用后营养不良，造成抵抗力下降。在 2008 年春冰冻低温天气中，保留充足原蜜饲养蜂群的，基本安全度过这个时期；饲料不足或利用糖浆饲养的，蜜蜂死亡率高。

（2）种王选择不当　俗话说，好种好收成。好的蜂王对蜂群的生产性能影响很大。蜜蜂用现代活框饲养后，可以人为选择蜂王，但很多养蜂者未掌握育王的原理，结果造成蜂群各种性能下降。

有部分养蜂员采用自然王台育王，但选择不当。有的养蜂员能掌握人工育王的基本操作，但很多人不注意蜂王的选择。主要表现在很多人选择自然王台时，一般选择先出现王台蜂群的王台作为种王，没考虑群势和抗病性。由于先出现王台的蜂群就是分蜂性强的蜂群，时间一长分蜂性就逐渐加强，群势就下降。人工育王的，由于平时没有做好蜂场生产记录，育王时也不能选择群势强、抗病力强的蜂群为种群，同样，时间一长也会产生群势和抗病力下降现象。

（3）管理措施不当　目前所使用的中蜂活框饲养技术，不一定完全适合中蜂的生物学特点；一些采用传统旧法饲养的蜂群和野外生存的蜂群群势，与采用活框饲养的蜂群比较，多数群势强大，也较少发病。这说明所采用的中蜂过箱饲养技术与中蜂生物学特性有不相适应的地方，主要表现在对蜜蜂的过度干扰、蜂箱保温性能差等，影响了中蜂的正常生活秩序。

（4）中蜂囊状幼虫病的影响　中蜂囊状幼虫病的发生，对蜜蜂来说是一场浩劫，造成大量的蜜蜂死亡。在生物界，一场瘟疫发生后，该物种往往会加快繁殖，对蜜蜂来说，也会采用加快群体数量的办法，以保持该物种不至于灭亡，因此，其分蜂性也就得到了加强。

## （二）中蜂抗逆增产技术措施及管理要点

要提高中蜂的生产性能，就要解决上述问题，创造利于中蜂生物学要求的环境，以提高蜜蜂的抗逆性。

### 1. 正确选育生产群

要做好蜂场的记录（记录表格式见附件），根据养蜂日志，选择群势大、抗病力强、工蜂性能温驯的蜂群作为育王的种群（人工育王的供虫群）。注意除去一些群势差的蜂群中的雄蜂。

人工育王要采用复式移虫，哺育群要有大量的哺育蜂（青年工蜂），一群哺育群不要放太多王台，以 15～20 个为好。

**2. 勤换蜂王**

在蜂群中，蜂王利用它分泌的"蜂王激素"来控制蜂群，工蜂在足够的蜂王激素控制下，安分守己，不敢闹分蜂。每只蜂王所分泌的激素是有一定限量的，当蜂群中工蜂数量多时，每只工蜂得到的蜂王激素的量就相对减少，这时工蜂就意识到要分蜂了，就会闹分蜂，产生分蜂热。优质蜂王分泌的蜂王激素较多，所以能维持较大的群势；年轻的新蜂王由于生理机能旺盛，分泌的蜂王激素也较多，相对于老王就较能维持强群；而且，新王产卵力强。因此，勤换王能加快蜂群繁殖，维持较大的群势。在有条件的地方一般每年要换王两次以上。

**3. 注重蜜蜂营养**

蜜蜂的营养影响蜜蜂的正常生长、发育和繁殖，也影响蜜蜂的免疫力，从而影响蜜蜂对病害的抵抗力和病害发生的严重性。因此，在蜜蜂饲养管理上，要充分注意蜜蜂的营养问题。

蜜蜂正常生长发育需要碳水化合物、脂肪（主要是一些不饱和脂肪酸）、蛋白质等，也需要一些矿质元素和维生素类物质。营养不良，会影响免疫系统的发育和功能发挥，降低抵抗疾病的能力，最终发生疾病。有些营养素可直接影响淋巴系统和免疫细胞的功能，有些营养素则改变免疫活性细胞的代谢而间接影响蜜蜂有机体的免疫功能，因此合理的营养可视为一种间接的防疫手段。

蜜蜂获得营养的主要来源是采集植物的花蜜和花粉。由于中蜂能利用零星蜜粉源植物，很多养蜂者认为无须对中蜂补充花粉。但近年来由于蜜粉植物数量减少和天气干旱，影响了蜜粉源植物泌蜜和排粉，对蜜蜂的营养保障有了一定的影响，因此应适当人为补充。

（1）补充花粉的作用 花粉是蜜蜂所需蛋白质营养的来源。蜂群只有足够的花粉才能正常生长发育，蜜蜂的体质才有保证，才能提高抗逆性。

工蜂只有食用适量的花粉才能正常分泌蜂王浆，供蜂王和蜜蜂低龄幼虫食用。蜂王只有食用蜂王浆才能正常产卵繁殖，蜜蜂低龄幼虫只有食用充足的蜂王浆，才能正常存活和生长。工蜂的大龄幼虫只有食用以花粉为主的"蜂粮"，才能正常生长和发育，因此适当对蜂群补充花粉是保证蜂群正常生存、繁殖的需要。

（2）花粉的饲喂方法

① 花粉的选择。由于中蜂对花粉代用品（酵母片或脱脂大豆粉）不太喜欢，因此最好用蜂花粉。蜂花粉应该干燥、没发霉、没虫蛀、没蜂尸，最好购买经消毒过的油菜花粉。

② 花粉消毒。最好用 $^{60}$ 钴消毒。一般专业公司所出售的蜂花粉就是用此方法处理的。在蜂场，也可把花粉摊成薄层，用 75% 酒精喷雾，加一层花粉喷一次雾，最后把花粉放在薄膜袋里焖 3 小时，再把花粉摊开晾干，让酒精蒸发。有的人把花粉用水喷湿后放在锅里蒸，同样可以达到消毒的目的，但蛋白质会受到一定程度的破坏。

③ 花粉处理和饲喂。把花粉磨成末，或用少

量干净的水浸湿（注意不要用水过量，以花粉吸水后能散开为度），然后加进少量蜂蜜，搓匀，以手捏成团，松开时慢慢摊开，没有流动性，就好像糍粑的样子，晚上摊在蜂群的上框梁上，一次不要太多，以一两天蜜蜂能取食完为好，不然会发霉，可连续喂3~5次，直到巢脾的贮粉区上的"蜂粮"形成有3~4个房眼高度的花粉圈。也有的人把花粉粉碎后撒在巢脾的贮花区上，再喷上蜂蜜，也可以，但在处理过程中容易干扰蜂群和引起盗蜂。

（3）保持蜂群有成熟的蜂蜜为饲料　蜂群要保持正常的生长，在营养上除了要有足够的蜂花粉外，也要保持有足够的饲料蜜。因此，收蜜的时候不要采取见蜜就收的掠夺性收蜜方式，而要保持一定量的蜂蜜给蜂群以饲料。有的人收蜜时把蜂蜜通通摇出来，然后用糖浆去喂蜂，这是不宜提倡的行为。糖浆的主要成分是碳水化合物，没有蛋白质等，因此营养成分是不能跟蜂蜜相比的。

**4. 保持蜜蜂巢温稳定**

蜜蜂繁殖时，其育子区温度须稳定保持在34.5 ℃，在饲养管理上要做到：

（1）蜂场场地选择。高温季节通风阴凉，低温季节避风向阳。

（2）高温季节对蜂群适当遮阴，低温季节对蜂群适当保温。

（3）选择合适的蜂箱。自从中蜂采用现代活框饲养以来，中蜂的群势逐渐下降，生产性能也随之下降。造成的原因可以说是多方面的，但蜂箱不适

合中蜂生物学特性是主要方面，主要表现在蜂箱空
间太小、保温性能差。从现在采用的蜂箱可看出，
利用传统木筒饲养的蜂群，群势仍能保持较强；使
用的蜂箱越简陋、越小，蜂群群势也随之小。因
此，对于只是一块简单木板蜂紧贴着巢框的箱盖是
不宜采用的。蜂箱要保温性好，板要厚，巢框的比
例最好是高度高一点、空间大一点为好。

（4）采用双群同箱饲养。双群同箱饲养（见第
十四部分）就是在一个蜂箱中同时养两群蜂，中间
用隔板分开，上面盖一张薄膜，可以使两群蜂互借
巢温，使蜂箱中的温度相对稳定。因此，这种饲养
方法最适于冬春季节繁殖使用。开始时，两群蜂可
以紧挨中间隔板，当群势都较大时，可以移到两
边。到了大流蜜期，可以组织一群群势较强的为生
产群，群势较弱的继续组织双王群作为繁殖群
使用。

**5. 勤换巢脾**

巢脾是蜜蜂生儿育女的地方，蜜蜂每一次从幼
虫到化蛹、羽化为成蜂，都要在巢房中脱下一层茧
衣，随着育子次数多，巢房逐渐变小，所育出来的
工蜂个体也随着变小，生产性能差。此外，巢脾也
是很多病原物藏身的地方，时间长了，病菌会在巢
脾上增多，就会引起蜜蜂发病。危害中蜂的大蜡
螟，也喜欢以有蜜蜂带有茧衣的旧巢脾为食，没有
旧巢脾会发育不良。因此，勤换巢脾对提高蜜蜂的
生产性能、防病和防巢虫有好处。一般一年需要换
巢脾 2～3 次以上。

换下来的旧巢脾要及时化蜡，滤渣和滤液要深埋处理。

**6. 科学管理蜂群**

（1）不随意引种　国家对畜禽的引种是有严格规范和程序要求的，引种要注意所引进蜂种对当地自然条件的适应能力，其次是要注意引进蜂种的抗病能力，第三是引种地蜜蜂病害发生情况，不要在疫区引进蜂种，尽管引种时没表现病的症状，但有可能带有病原物。

（2）养蜂场地选择　一般蜂场要选在冬暖夏凉、通风干爽的地方，地面积水易引起蜜蜂生病。夏季要注意蜂箱不能让太阳直晒，要做好遮阴和降温，但也不要摆在树林深处，通风条件要好。冬季要摆在坐北朝南向阳的地方，同时要做好蜂群的保温。

（3）不过度干扰蜜蜂　中蜂喜安静怕干扰，喜阴暗怕强光，怕温度变化大等，要注意不要太多干扰蜜蜂，尽量少开蜂箱，多以箱外观察为主。

（4）加脾要科学　加脾要选择适合的时间，太早加脾，蜜蜂不造脾，太迟加脾会促进蜜蜂产生分蜂热。加脾是有一定内外条件要求的，如果条件不具备，强行加脾会适得其反，蜜蜂不但不造脾，还会影响蜜蜂对蜂巢温度的调节。一些初学养蜂者，为了急于扩大蜂群，往往在蜂群无加脾条件时也要加脾，这对蜂群不但无益反而有害，很容易引起病害的发生，应加以注意。

**7. 培养适龄采集蜂，使青壮年工蜂出现的高峰期与大流蜜期相遇**

青壮年工蜂是蜂群中的劳动力，青壮年工蜂出现的高峰期与大流蜜期相遇是夺取高产的必要条件之一。一般外界每一种蜜源植物的开花期是比较固定的，因此可以通过人工补充饲喂花粉的方法来控制蜂群中青壮年工蜂出现的高峰期与蜜源植物流蜜高峰期相遇。

中蜂的工蜂从卵变为成蜂需 20 天，从出房到成为采集蜂大约需 15 天，即从卵到采集蜂要 35 天左右。因此，在大流蜜期 35 天前，要对蜂群通过补充饲料（包括糖浆和花粉）促进蜂王产卵，这样就可保证"两期相遇"。培育采集工蜂需要提前培育哺育蜂，工蜂从蜂王产卵到成为哺育蜂，约需 30 天，因此在培育采集蜂时要再提前 30 天对蜂群奖励饲喂，30 天后就有足够的哺育蜂用于培育采集蜂，全过程需要 65 天。

# 附：

## 蜜蜂检查记录表（式样）

| 时间 | 年　月　日 | | 放蜂地点 | | |
|------|------|------|------|------|------|
| 气候 | 气温：　℃，晴　阴　雨 | | 蜜粉源 | | |
| 群号 | 脾数 | 蜂群情况 | | 处理情况 | |
| | | | | | |
| | | | | | |
| | | | | | |
| | | | | | |
| 备注 | | | | | |

填表人：

# 十七、中蜂产品安全与标准化生产技术

## (一) 蜂产品安全的重要性

随着社会的进步和生活水平的提高，食品的安全性问题越来越受到各国政府的重视和消费者的高度关注。

### 1. 食品卫生和食品安全

食品安全与食品卫生是有所区别的。食品安全指的是消费者在食用食品时，食品中不应含有可能损害或威胁到人体健康的有毒、有害物质或因素，从而导致消费者急性或慢性毒害或产生疾病，或产生危及消费者及其后代健康的隐患。食品卫生是为确保食品的安全性和适合性，在食物链的所有阶段必须采取的一切条件和措施。蜂产品作为一种天然的保健食品，由于越来越多的人在食用，其安全性问题受到社会各界的重视并成为关注的热点。我国蜂产品的安全性问题主要是产品农药、抗生素和重金属等有害物质的残留。

### 2. 国家对蜂产品安全的有关规定

对于蜂产品安全性问题，2002 年开始，欧盟等就对从我国进口的蜂蜜采取了严厉的检验措施，如对氯霉素的检出下限为 10 微克/千克，也就是 10 万吨蜂蜜中只要有 1 克氯霉素就超标，并以此为依据，停止从我国进口蜂蜜。这里面除有贸易壁垒的因素外，应该说，我国出口的蜂产品也确实存在安全性的问题。中国政府对食品安全性问题也是十分重视的，对蜂产品也是如此，除了有《中华人民共和国食品安全法》外，还有一系列的法律法规。

（1）《畜牧法》中规定

第四十八条　养蜂生产者在生产过程中，不得使用危害蜂产品质量安全的药品和容器，确保蜂产品质量。养蜂器具应当符合国家技术规范的强制性要求。

（2）有关蜂药的规定　中华人民共和国国务院令第 404 号《兽药管理条例》，专门对蜂产品制定了一系列的标准和准则，如 GB 14963—2011《食品安全国家标准——蜂蜜》、农业部《中华人民共和国农业部公告第 193 和 235 号》和《农办医〔2009〕19 号蜂用兽药治理方案》明确除消毒外，西药被禁止用于蜜蜂病害的防治。

（3）GB 14963—2011《国家食品安全标准——蜂蜜》　于 2011 年 4 月 20 日发布，生产企业自 2011 年 10 月 20 日起执行。该标准修改了原来蜂蜜卫生标准，上升为国家食品安全标准，成为强制标准。处罚重，严重违反者会被刑事处罚。

**3. 存在的问题**

从 2002 年到现在，国家有关部门出台了多个法规，各地开展对养蜂员的培训和宣传，但问题仍然存在。

历次有关部门抽样检查和市场流通的原材料和产品，抗生素（主要为氯霉素）残留检出率仍较高。

嗜渗酵母超标普遍，细菌总数超标时有发生。

2012 年下半年农业部对蜂产品中兽药残留监控结果，检测药物 7 类 35 种，在来自北京、辽宁、河南、湖北、山东、浙江、四川和新疆 150 个样品中，兽药残留超标 9 个，占 6%，超标物主要为氯霉素 5 个、硝基呋喃类代谢物 2 个和氟喹诺酮 3 个。

### 4. 狠抓水源头，规范养蜂场生产活动

对于我国蜂产品安全存在的问题，产生的原因是多方面的，除有法律、法规和管理体系不健全，检测手段滞后等因素外，养蜂场是产品生产的第一环节，也是产生产品质量安全的主要原因。主要表现在生产环境、生产用具、蜜蜂病虫害防治、蜂蜜浓度等因素上。因此，解决蜂产品安全问题的关键，主要在于生产的源头，只有确保养蜂场按规范化和标准化进行生产，才能确保产品安全性。因此，对蜂农进行蜂产品质量安全生产技术培训，让每个养蜂员都清楚地知道养蜂生产需要一个良好的生产环境；使用无污染的生产工具；科学地防治蜜蜂病虫害，不乱用药、滥用药；按照国际惯例和市场要求，在生产过程中建立生产记录，达到质量安全可追溯。

因此，从根本上规范养蜂场的活动，严格实行

标准化生产，才能使产品符合食品的安全性要求。

## （二）蜂蜜安全生产的要求

中华蜜蜂生产的产品单一，只有蜂蜜一种，而且中蜂的病虫害少，只有中蜂囊状幼虫病、中蜂欧洲幼虫腐臭病和大蜡螟（俗称两虫一病），因此，在产品安全控制上相对比较简单。

### 1. 生产场地

用于蜂蜜生产的蜂群，摆放场地要远离化工厂和有废物和废气排出的工厂和矿山，要远离经常施用农药的农作物。蜂场要设于干燥、地下没有积水的地方，周围要有干净的水源供蜜蜂采水，蜂箱要用支架支起离开地面。

### 2. 蜂群

用于蜂蜜生产的蜂群要求群势强大，无病虫害。中蜂要求 4 脾蜂以上，西方蜜蜂要求有 8 脾蜂以上，蜂脾相称或蜂多于脾，在蜜源植物大流蜜期间，要有大量的青壮年工蜂用于采集花蜜。

在距蜜源植物开花前一个月，可进行必要的病虫害防治，在蜜源植物开花期一个月内和开花期间，严禁对生产群用任何药物，在特殊情况下，蜂群在此时期内需进行病虫害防治的，该蜂群不能作为生产群使用。对蜂群进行病虫害防治的药物，一定要严格执行国家有关规定允许使用的药物（包括杀螨剂、抗菌素和消毒剂等）和用量，对刚施用农药（包括杀虫剂和杀菌剂）的农作物或在农药残效期内的农作物，不能放蜂和收取蜂蜜。

### 3. 蜂病防治

蜜蜂病害的发生会严重影响养蜂生产，轻则使蜜蜂群势削弱、生产力下降，重则蜂群死亡或飞逃，甚至引致全场蜜蜂毁灭。

由于蜂病的防治是造成蜂蜜抗生素残留最主要的原因，能不能做好蜂病的防治，是保证蜂产品安全的关键。农业部、国家质监总局在有关文件中明确指出：“要重点整治、查处违法生产、经营、使用禁用蜂药和假劣药的行为。要规范蜜蜂养殖、蜂产品生产行为。要求养蜂场（户）必须建立生产日志制度，内容包括：放蜂地点、蜜粉源植物种类；蜂药使用品种、用法、用量、疗程；蜂箱、蜂具清洁、消毒记录等，并要求日志要专人负责，记录完整，建档保存。要求养蜂场（户）应当在专业技术人员指导下科学、合理用药，不得使用违禁药物，流蜜和产浆期间不用药，因治疗必须用药时，应将其产品加贴标识并隔离。”

蜂病防治一定要严格注意以下禁止事项，以防止产生药物污染：

（1）把抗生素当“灵丹妙药”；

（2）盲目用药；

（3）用药过量；

（4）用药对蜂群防病；

（5）使用禁用药；

（6）生产期用药。

有关蜂病防治见第十一章“中蜂病敌害防治”内容。

### 4. 巢础和用具

中蜂在饲养过程中完全不使用氯霉素，但在其产生的蜂蜜中却发现氯霉素，经过调查，是因为在巢础生产过程中使用了被氯霉素污染的西方蜜蜂的蜂蜡为原料。因此，选购蜂蜡时，最好选用以中蜂蜡为原料、单一生产中蜂巢础的厂家生产的巢础。

对用于收取蜂蜜的用具（包括巢框、割刀、蜂刷、蜜脾周转箱、摇蜜机、滤蜜器、盆等）和蜂蜜包装容器等，在使用前要用清水反复清洗，必要时要进行消毒。

对用具的消毒，可用 0.5% 的过氧乙酸或到卫生防疫站购买适用于食品包装的消毒剂，并严格按说明书要求使用。

巢框上的铁丝最好采用不锈钢丝。

要求用无污染的塑料或不锈钢摇蜜机，严禁使用铁皮或锌片摇蜜机。

装蜂蜜的包装桶要用符合食品卫生要求的塑料桶或蜂蜜专用桶，严禁使用内涂料脱落的铁桶和其他不允许使用的包装桶，现在国内普遍使用的能装 75 千克蜂蜜的塑料桶比较符合要求。

### 5. 蜂蜜的采收

在 GB 14963—2011《食品安全国家标准——蜂蜜》中，对嗜渗酵母数量有严格的要求，每克不能超过 200 个，嗜渗酵母超标的主要原因是生产的蜂蜜浓度太低所造成，因此要提倡收成熟蜜，严禁收"水蜜"。在大流蜜期要适当打开蜂箱盖的通风窗，加大水分的排出。收蜂蜜时要求在巢脾贮蜜区基本封盖后才进行。此外，在收蜜前 15 天内严禁对蜂群进行任何饲喂。

收取蜂蜜的时间要在上午进行，尽可能避开蜜蜂采集高峰期。

蜜脾从蜂箱中取出后，要放进周转箱中，不能放在地下。

分离后的蜂蜜要用 40 目的过滤器过滤，才装进容器中。

### 6. 蜂蜜的贮运

蜂蜜的贮存可用符合食品卫生要求的不锈钢罐、塑料桶，也可用陶瓷缸、陶瓷罐等。各种容器在使用前要充分清洗干净，不同品种、不同浓度的蜂蜜要分开存放。每个容器只能装 80%，要留有一定的空间。容器要加盖子，盖子要适当松动，以便蜂蜜产生的气体能排出。

容器外要贴上标签，内容包括品种名称、浓度、净重、生产日期、产地、生产者姓名、培训证书号等，以用于对质量的跟踪。

蜂产品包装标签

| 品　　种 | | 编　　号 | |
|---|---|---|---|
| 规　　格 | | 净　　重 | |
| 产　　地 | | 生产时间 | |
| 蜂场名称 | | 培训证号 | |
| 通信地址 | | 电　　话 | |

贮存蜂蜜的仓库要干净、干燥，不能同时堆放有毒、有污染的物品。要保持阴凉、通风透气。

要定期对贮存的蜂蜜进行检查，对出现的问题要及时处理。

用于运输蜂蜜的车辆要冲洗干净，严禁用运输过有毒、有污染的物质、未经彻底消毒的车辆运输蜂蜜，也不能与有毒、有污染的物品混载。运输前包装容器要紧盖，堆放要牢固整齐。

**7. 在生产过程中建立生产记录，以达到质量安全可追溯**

养成对蜂群建立生产记录的习惯，每次对蜂群进行检查时都要进行记录；对蜂病用药防治时，要详尽记录，以备查考。

# 十八、蜜蜂授粉

在第一章中，我们已把蜜蜂授粉的意义作了阐述，本章主要介绍蜜蜂授粉的方法及授粉蜂群的管理技术。

## （一）影响蜜蜂授粉的因素

蜜蜂在为农作物授粉时受到蜂群内外诸多因素的影响，主要有下面四个因素。

### 1. 蜂群内部的影响

（1）群势　在一定范围内，蜜蜂的群势越强，青壮年工蜂越多，采集蜂就越多，授粉效果就越好。但如果蜜蜂的群势太强，容易产生分蜂热，工蜂采集的积极性反而下降。因此，蜂群的群势要适当，对中蜂来说，以3～4脾蜂较好。

（2）采集蜂　青壮年工蜂是蜂群中各种采集工作的承担者，因此用于授粉的蜂群要有大量的采集蜂，其授粉效率才能提高。

（3）育子状况　有育子要求的蜂群采集性较高，因此对要进行授粉的蜂群，应提前两个月换王，利用新王产卵力强的有利条件，使蜂群中有大量的幼子，提高工蜂的采集积极性。

（4）病虫害　有病虫害的蜂群，既不利于蜂群繁殖壮大，又不利于提高工蜂采集的积极性，因此授粉蜂群一定要做好病虫害的防治工作。

**2. 气候条件**

气候条件一方面影响蜜蜂的活动，另一方面也影响植物的开花，因此气候条件的好坏是影响蜜蜂授粉能否充分发挥的关键。影响蜜蜂授粉的气候条件主要有温度、降雨和风力等。

（1）温度　温度低于 7 ℃时，蜜蜂的采集活动就停止；气温高于 13 ℃时，蜜蜂采集较活跃，22～30 ℃最适于蜜蜂采集活动。温度太低也影响植物开花及花粉管萌发，导致授精不能完成。

（2）降雨　雨天尤其是阴雨天，蜜蜂出勤减少或停止；降雨也影响植物开花和阻碍雄蕊吐粉，或将花柱上的花粉和花蜜冲掉，因而影响蜜蜂的采集和授粉。

（3）风力　风大影响蜜蜂飞行，如果高温风大，可使植物花朵的柱头过于干燥，雄蕊吐粉也会停止，影响授粉。

为了把气候条件的不利影响降到最低程度，授粉时要尽量多准备一些蜂群，以便在天气条件出现短暂良好时有足够数量的蜜蜂进行授粉，保证授粉成功。

**3. 授粉时间**

掌握适当时间进场授粉，对授粉能否成功影响很大。有些果树雌雄异株或异花，有些雄花开一段时间后雌花才开。因此，应掌握合适的进场时间，确保蜜蜂在雌花开花前到达授粉地点。

**4. 农药中毒**

很多农作物如果施用农药不当，如在开花期施药或施用残效期长的农药距开花期的间隔时间不够，都会引起蜜蜂产生农药中毒，轻则削弱蜂群的群势，重则造成全场蜜蜂覆没。因此，在对农作物进行授粉时，应高度注意防止农药中毒的发生。

## (二) 蜜蜂授粉的方法

在广东省，需用蜜蜂授粉的农作物很多，但主要为果树，如荔枝、龙眼、沙田柚和一些瓜类等。

**1. 进场前的调查**

在蜂群进场前，要先进行授粉的有关项目调查，内容包括果树面积、株数、树龄、花芽分化状况、开花时间、农药施用情况（包括已施和花期需施药的时间、次数以及农药的种类等），以调查结果确定进场时间和所需蜂群数。同时，还要了解摆蜂场地周围环境和交通条件等。

**2. 授粉蜂群数的确定**

一个果园需要授粉蜜蜂的群数要科学地确定，蜜蜂太少，授粉量不足，蜜蜂太多，既造成浪费，又会使蜜蜂采食不足，影响蜜蜂的繁殖。

蜂群数的确定，主要依据蜜蜂的群势、摆蜂场地与授粉地点的距离、需要授粉的作物面积、种植密度、树龄、开花数量、花期长短和长势等。根据有关经验，如果中蜂的群势在四脾以上、蜂脾相称、蜂场摆于果园边、果树之间树冠相接（即地不露白)，荔枝、龙眼每公顷 30 群蜂以上，沙田柚 20 群蜂以上，瓜类 5 群蜂以上。如果摆蜂场地离授粉地点太远或果树分布太分散，应适当增加蜂群数。

### 3. 蜂群的管理

（1）蜂群的摆放　蜂群距离授粉地点越近，蜜蜂每天采集的次数就越多，授粉的效率就越高，且蜜蜂每次采集消耗的食料就越少，因此蜂群要尽量靠近授粉地点摆放。果树的树冠如果已相接，为保证蜜蜂有良好的飞行线，可把蜜蜂摆在果园边。如果需授粉的作物较分散、面积较大，或作物种植地段呈长条状，可把蜂场分成若干个地点摆放，但不要把蜂场单一平均分散摆放，这样既不利于授粉，又不利于蜂群的管理。

（2）蜂群的管理　蜜蜂到达授粉地后，当天要给点稀糖水奖励饲喂。如果是为主要蜜粉源植物授粉的，应适时取蜜，以刺激蜜蜂的采集积极性。要适时加脾，防止产生分蜂热。更要注意预防农药中毒。

（3）蜜蜂授粉的训练　有些作物开花时，蜜蜂不太喜欢采集（如芒果等），为了对这些作物授粉，可对蜜蜂进行训练，使蜜蜂到这些植物的花上采集，且通过训练，还可提高蜜蜂对某种作物或植物的采集专一性（可采得较单一的蜂蜜）。方法是从初花期到开花末期每天都用花朵浸泡过的糖浆饲喂蜜蜂，使蜜蜂好像在野外发现了丰富的蜜源一样，从而建立起蜜蜂采集这种植物的条件反射。

花香糖浆的制法：用 1∶1 的浓度煮好白糖浆，冷却到 20～30 ℃时，倒入装有花朵的容器里，密封半天后饲喂蜂群，每群蜂每次喂 100～150 克。第一次饲喂最好在晚上进行，第二天早上蜜蜂出巢前再喂一次，以后每天早上都喂一次。

# 附录

## 中华人民共和国农业部公告
## 第 1692 号

养蜂业是农业的重要组成部分，对于促进农民增收、提高农作物产量和维护生态平衡具有重要意义。为进一步规范和支持养蜂行为，加强对养蜂业的管理，维护养蜂者合法权益，促进养蜂业持续健康发展，我部组织制定了《养蜂管理办法（试行)》。

特此公告。

附件：《养蜂管理办法（试行)》

二○一一年十二月十三日

# 养蜂管理办法（试行）

## 第一章　总　　则

**第一条**　为规范和支持养蜂行为，维护养蜂者合法权益，促进养蜂业持续健康发展，根据《中华人民共和国畜牧法》《中华人民共和国动物防疫法》等法律法规，制定本办法。

**第二条**　在中华人民共和国境内从事养蜂活动，应当遵守本办法。

**第三条**　农业部负责全国养蜂管理工作。

县级以上地方人民政府养蜂主管部门负责本行政区域的养蜂管理工作。

**第四条**　各级养蜂主管部门应当采取措施，支持发展养蜂，推动养蜂业的规模化、机械化、标准化、集约化，推广普及蜜蜂授粉技术，发挥养蜂业在促进农业增产提质、保护生态和增加农民收入中的作用。

**第五条**　养蜂者可以依法自愿成立行业协会和专业合作经济组织，为成员提供信息、技术、营销、培训等服务，维护成员合法权益。

各级养蜂主管部门应当加强对养蜂业行业组织和专业合作经济组织的扶持、指导和服务，提高养蜂业组织化、产业化程度。

## 第二章　生产管理

**第六条**　各级农业主管部门应当广泛宣传蜜蜂

为农作物授粉的增产提质作用，积极推广蜜蜂授粉技术。

县级以上地方人民政府农业主管部门应当做好辖区内蜜粉源植物调查工作，制定蜜粉源植物的保护和利用措施。

**第七条** 种蜂生产经营单位和个人应当依法取得《种畜禽生产经营许可证》。出售的种蜂应当附具检疫合格证明和种蜂合格证。

**第八条** 养蜂者可以自愿向县级人民政府养蜂主管部门登记备案，免费领取《养蜂证》，凭《养蜂证》享受技术培训等服务。

《养蜂证》有效期三年，格式由农业部统一制定。

**第九条** 养蜂者应当按照国家相关技术规范和标准进行生产。

各级养蜂主管部门应当做好养蜂技术培训和生产指导工作。

**第十条** 养蜂者应当遵守《中华人民共和国农产品质量安全法》等有关法律法规，对所生产的蜂产品质量安全负责。

养蜂者应当按照国家相关规定正确使用生产投入品，不得在蜂产品中添加任何物质。

**第十一条** 登记备案的养蜂者应当建立养殖档案及养蜂日志，载明以下内容：

（一）蜂群的品种、数量、来源；

（二）检疫、消毒情况；

（三）饲料、兽药等投入品来源、名称，使用对象、时间和剂量；

（四）蜂群发病、死亡、无害化处理情况；

（五）蜂产品生产销售情况。

**第十二条**　养蜂者到达蜜粉源植物种植区放蜂时，应当告知周边 3 000 米以内的村级组织或管理单位。接到放蜂通知的组织或单位应当以适当方式及时公告。在放蜂区种植蜜粉源植物的单位和个人，应当避免在盛花期施用农药。确需施用农药的，应当选用对蜜蜂低毒的农药品种。

种植蜜粉源植物的单位和个人应当在施用农药 3 日前告知所在地及邻近 3 000 米以内的养蜂者，使用航空器喷施农药的单位和个人应当在作业 5 日前告知作业区及周边 5 000 米以内的养蜂者，防止对蜜蜂造成危害。

养蜂者接到农药施用作业通知后应当相互告知，及时采取安全防范措施。

**第十三条**　各级养蜂主管部门应当鼓励、支持养蜂者与蜂产品收购单位、个人建立长期稳定的购销关系，实行蜂产品优质优价、公平交易，维护养蜂者的合法权益。

## 第三章　转地放蜂

**第十四条**　主要蜜粉源地县级人民政府养蜂主管部门应当会同蜂业行业协会，每年发布蜜粉源分布、放蜂场地、载蜂量等动态信息，公布联系电话，协助转地放蜂者安排放蜂场地。

第十五条　养蜂者应当持《养蜂证》到蜜粉源地的养蜂主管部门或蜂业行业协会联系落实放蜂场地。

转地放蜂的蜂场原则上应当相距 1 000 米以上，并与居民区、道路等保持适当距离。

转地放蜂者应当服从场地安排，不得强行争占场地，并遵守当地习俗。

第十六条　转地放蜂者不得进入省级以上人民政府养蜂主管部门依法确立的蜜蜂遗传资源保护区、保种场及种蜂场的种蜂隔离交尾场等区域放蜂。

第十七条　养蜂主管部门应当协助有关部门和司法机关，及时处理偷蜂、毒害蜂群等破坏养蜂案件、涉蜂运输事故以及有关纠纷，必要时可以应当事人请求或司法机关要求，组织进行蜜蜂损失技术鉴定，出具技术鉴定书。

第十八条　除国家明文规定的收费项目外，养蜂者有权拒绝任何形式的乱收费、乱罚款和乱摊派等行为，并向有关部门举报。

## 第四章　蜂群疫病防控

第十九条　蜂群自原驻地和最远蜜粉源地起运前，养蜂者应当提前 3 天向当地动物卫生监督机构申报检疫。经检疫合格的，方可起运。

第二十条　养蜂者发现蜂群患有列入检疫对象的蜂病时，应当依法向所在地兽医主管部门、动物卫生监督机构或者动物疫病预防控制机构报告，并就地隔离防治，避免疫情扩散。

未经治愈的蜂群，禁止转地、出售和生产蜂产品。

**第二十一条**　养蜂者应当按照国家相关规定正确使用兽药，严格控制使用剂量，执行休药期制度。

**第二十二条**　巢础等养蜂机具设备的生产经营和使用，应当符合国家标准及有关规定。

禁止使用对蜂群有害和污染蜂产品的材料制作养蜂器具，或在制作过程中添加任何药物。

## 第五章　附　　则

**第二十三条**　本办法所称蜂产品，是指蜂群生产的未经加工的蜂蜜、蜂王浆、蜂胶、蜂花粉、蜂毒、蜂蜡、蜂幼虫、蜂蛹等。

**第二十四条**　违反本办法规定的，依照有关法律、行政法规的规定进行处罚。

**第二十五条**　本办法自 2012 年 2 月 1 日起施行。

# 参 考 文 献

葛凤晨. 2011. 中国畜禽遗传资源志：蜜蜂志 [M]. 北京：中国农业出版社.

匡邦郁. 2003. 蜜蜂生物学 [M]. 昆明：云南科技出版社.

梁勤. 2012. 中蜂科学饲养技术 [M]. 北京：金盾出版社.

梁勤. 2014. 蜜蜂病害与敌害防治 [M]. 北京：金盾出版社.

罗岳雄. 1999. 中蜂饲养技术 [M]. 广州：广东经济出版社.

徐万林. 1992. 中国蜜粉源植物 [M]. 哈尔滨：黑龙江科学技术出版社.

徐祖荫. 2015. 中蜂饲养实战宝典 [M]. 北京：中国农业出版社.

张中印. 2003. 中国实用养蜂学 [M]. 郑州：河南科学技术出版社.

张中印. 2013. 中蜂饲养手册 [M]. 郑州：河南科学技术出版社.

张中印. 2015. 现代养蜂法 [M]. 2 版. 北京：中国农业出版社.

周丹银. 2008. 云南中蜂科学饲养 [M]. 昆明：云南科技出版社.